U0305709

森林报 秋

Forest Newspaper

[苏]维·比安基 著

杨 禾 译

北京联合出版公司
Beijing United Publishing Co.,Ltd.

图书在版编目（CIP）数据

森林报．秋／（苏）比安基 原著；杨禾 译．—北京：北京联合出版公司，2015.2（2023.4重印）

（世界经典动物科普文学）

ISBN 978-7-5502-4607-2

Ⅰ．①森… Ⅱ．①比… ②杨… Ⅲ．①森林–青少年读物 Ⅳ．① S7-49

中国版本图书馆 CIP 数据核字 (2015) 第 011760 号

森林报 秋

责任编辑 牛炜征

封面设计 Gina

版式设计 王议田

责任校对 杨和胜

美术编辑 王俊梅

北京联合出版公司出版

（北京市西城区德外大街 83 号楼 9 层 10008）

三河市恒彩印务有限公司印刷 各地新华书店经销

字数 184 千字 880 毫米 ×1280 毫米 1/32 5.75 印张

2015 年 8 月第 1 版 2023 年 4 月第 2 次印刷

ISBN 978-7-5502-4607-2

定价：16.80 元

候鸟迁徙月（秋季第一月）

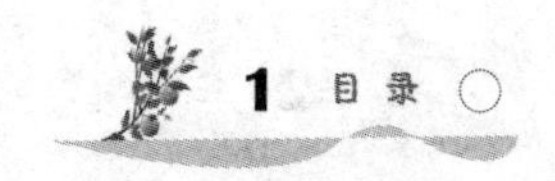

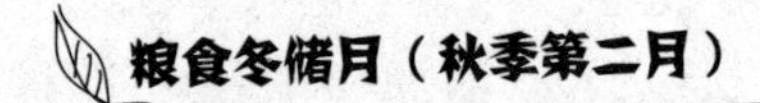

粮食冬储月（秋季第二月）

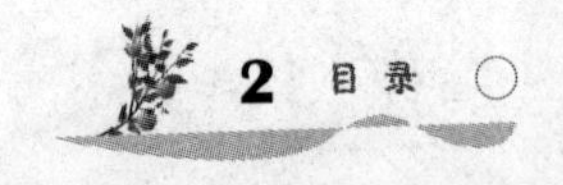

冬客临门月（秋季第三月）

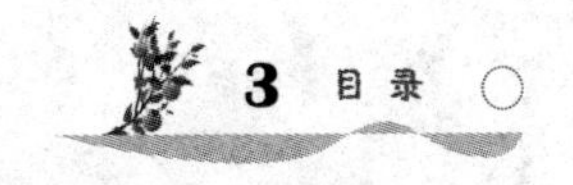

打靶场及神眼竞赛答案

No.1

候鸟迁徙月

（秋季第一月）

从 9 月 21 日到 10 月 20 日　　太阳进入天秤座

9月是一年四季中秋天的开始。9月的天空忽明忽暗，就像一个调皮的孩子，一会儿哭，一会儿笑；一会儿乌云密布，一会儿狂风大作。

秋天与四季中的每一个季节一样，都有自己的工作日程和安排。不同的是，秋天是从空中开始忙碌的。树叶最能感知秋天的变化，它们由绿变黄、由黄变红、最后变成褐色。它们吸收不到足够的阳光，很快就会失去原来的色彩，枯萎而凋零。这时，在叶柄连接树枝处，已经显露出一个衰老的圆圈。即便是风和日丽的天气，树叶也时常会凋落：它们在空中飘飘荡荡，悄无声息。如果你走在树下，稍不留意，就会有一片树叶落在你的头上，有黄色的白桦树叶，也有红色的白杨树叶，还有纤纤的柳树叶……

清早起床，突然看到青青的草坪上有了一层薄薄的白霜。于是你在日记中写道："秋天来了！"是的，准确地说，秋天就是从那天夜里开始的。白霜初现时，通常都是在天亮之前。越来越多的黄叶凋落了，后来，席卷枯叶的西风吹来，卷去了森林亮艳的夏装。

雨燕也销声匿迹了。家燕和其他候鸟，都集结成队伍，偷偷地在夜里动身，赶往南方过冬去了。这时的天空，显得越来越空旷苍凉。河水也渐渐变凉了，喜欢游泳的人们也越来越少了……

似乎对逝去的夏季还有不舍——天气一下子又暖和了起来。一连好几天，阳光总是暖暖的，让人感觉舒适了许多。细长的蜘蛛丝，一根根飘舞在静穆的空中，银光闪闪，田里的残绿再一次焕发出勃勃生机，欢快地闪烁着。

“夏老人又复活了！”人们个个面带微笑、奔走相告。他们又一次开开心心地观赏着生机勃勃的秋播作物。

乍暖还寒，森林里的“居民们”都在为过冬做着准备。它们把身子裹得密不透风，暖和极了。就这样隐藏着，它们一直持续到来年春天。

唯有兔妈妈总是心神不定，它们认为夏天还没有结束。这不，它们又生下了一窝“小宝宝”。这窝“小宝宝”就是人们所说的“落叶兔”。

随着夏季宣告结束，候鸟迁徙的日子也正式拉开了序幕。

和春天一般，通讯员从林中给我们发来一份份电报：随时都有新闻报道，每天都有大事发生。候鸟们像探亲回乡一样，开始大规模搬迁——这一次，它们是从北方迁往南方。

秋季，就这样登场了。

森林里发来的第四份电报

穿着艳丽服装的飞禽不知道从什么时候开始就消失了——因为，它们是在我们熟睡的深夜悄悄动身的。

为了确保安全，很多鸟儿都选择在夜间飞行。游隼（sǔn）、老鹰等猛禽，都飞出了林子，在鸟儿途经的路上埋伏着！在黑夜里，这些猛禽是不会向鸟儿偷袭的。候鸟即使在夜间飞行，也不会迷失方向。

野鸭、潜鸭、大雁、鹬等成群结队的水禽，都不遗余力地飞行在远航线上。这条航线是它们春天途经的老路。累了，它们会在老地方休息。

林中树叶渐渐变黄。兔妈妈又生下六只“小宝宝”。这些“小宝宝”可是今年最后一批了。因为在秋天落叶时出生，所以我们称它们为“落叶兔”。

在泥泞的海滩上，我们发现了一些小十字脚印，不清楚究竟是谁在深夜把它们印上去的。淤泥滩上都是这些奇怪的小脚印。于是，我们在那里筑起一个小棚子，打算探个究竟：在那儿调皮的家伙到底是谁。

离别序曲

这时候，白桦树上已经凋落了很多枯叶。椋鸟房都被主人遗弃了，它们挂在树干上，随风静静地摆动着。

这时，突然出现了两只椋鸟。雌椋鸟跑进窝里，似乎有急事似的忙活起来。雄椋鸟停在树上，向西张望着。不一会儿，哼起了小曲儿！声音听起来特别小，好像是在孤芳自赏。

雄椋鸟的歌唱完了。雌椋鸟也钻出了巢穴，匆忙地向鸟群赶去，雄椋鸟紧跟其后。差不多，用不了多久——今天，或者是明天，它们就要踏上征程了。

夏天的时候，它们就是在这间小房子里居住的，还生下了小雏鸟。这一次，它们是回来向老故居告别的。

它们会将故居铭记在心。明年春天，它们仍然回到这里安家落户。

清晨见闻

9 月 15 日，我和往常一样，一大早就到公园散步去了。

今天给人的感觉，真是秋高气爽。空气触摸在肌肤上，感觉有点冰凉。细小的蜘蛛在灌木、草丛间织满了银色的蜘蛛网。

在两棵小云杉中间，小蜘蛛也织了一张网。这张网被晶莹的露水映衬着，跟玻璃一样，似乎轻轻一碰就会碎掉。小蜘蛛蜷成小圆团儿，身体僵硬得像死了似的。因为苍蝇还没有出现，它们就抽空打会儿盹。不会是真的被冻死了吧？

我伸手小心地触碰了它一下。小蜘蛛没有反应，竟像石头似的跌落下来。它刚坠到草丛里，就爬了起来，拔腿就跑，眨眼工夫就不见了。

嘀，原来是一只骗人的蜘蛛。

我不清楚它是否还会重新回到这张网上？它还能发现这张蜘蛛网吗？还是重新编织一张新网呢？编织一张新网，它要付出多少辛劳呀——跑前跑后，不知来回奔波多少次；打结子，缠线子，不知付出多少汗水与心血呀！

小露珠在细柔的草尖儿上颤抖着，像睫毛上的泪珠一般，在空中闪耀着，呈现出火光一般的色彩。它们还洋溢着幸福与喜悦呢！

路边几朵小野菊花，低低地垂着衣裙似的花瓣，淋浴着阳光的温暖。

在微凉、洁净、玻璃般的空气中，不管是五彩斑斓的树叶，还是被露珠和蜘蛛网抹成银白的青草，或者是夏天从未碰到过的蓝色小河，看上去都显得那般美丽，光彩夺目，让人心生喜悦。

我见到过最丑的东西，是一棵残缺的蒲公英，它冠毛黏结在一块儿，浑身湿漉漉的。还有一只灰蛾子，全身毛茸茸的，脑袋

不成样子，好像刚被鸟儿啄食过一般。想想夏天，每一棵蒲公英脑袋上，都佩戴过成千上万顶小降落伞呢！那时它们看上去特别的威风神气！这只灰蛾子，以前也是毛发蓬松的，而现在，它的小脑袋光秃秃的，翅膀干干的！

我很怜悯它们，就将灰蛾置于蒲公英上，把它们捧在手心，让林子上空的太阳能照射到它们。灰蛾和蒲公英全身都很僵硬、冰凉，近乎奄奄一息。不一会儿，它们就渐渐地恢复了知觉。蒲公英脑袋上的小降落伞被晒干了，现在变得洁白、柔顺，轻巧极了，它随着空气慢慢向空中飘去。灰蛾的翅膀也渐渐有了活力，蓬松起来，呈现出一种青灰色。两个同命相连的小丑就这样变得漂亮起来。

一只黑颜色的琴鸡，在林子四周徘徊着，发出叽里咕噜的声响。

我走近灌木丛，想偷偷地潜到它的身后，看看它是如何做游戏的，是如何自言自语和“啾弗，啾弗”地叫喊的。

当我刚刚走近灌木丛时，那只黑琴鸡就“扑通”一声，从我脚下飞了起来，把我吓了一跳。

原来，那只琴鸡就潜藏在我旁边。我还以为它在我很远的地方呢！

此时，一阵鹤鸣从林子上空划过——又有一群鹤就要离开这儿，向南方迁徙了……

森林通讯员　维利卡

特殊的旅行

奄奄一息的草儿，死气沉沉地低垂着脑袋。

长跑健将——秧鸡[①]，已经开始了漫长而又艰辛的旅程。

矶凫和潜鸭在水上前行着。它们时而钻进水里捕鱼，时而跃出水面戏水，却很少在空中飞行。它们穿过湖泊、绕过水湾，日夜不停地向过冬的栖息地游去。

它们完全不像野鸭那样，抬起身子后，再用力潜入水里。因为它们身子轻巧灵活，稍微把脑袋一低，用蹼一蹬，就能钻进水里去。它们钻进水底，就像回到家似的。任何猛禽都很难在水里追赶到它们。因为它们游得太快了，几乎可以追得上鱼。

与其他善飞的猛禽相比，它们的飞行技能可就逊色多了。所以，它们没有必要冒着危险在空中飞行。凡是有水的地方，它们都能靠游泳来进行远途观光旅行。

“犁角兽”之战

黄昏时分，林子里传出一阵可怕的嘶吼声。一只号称“林中

①秧鸡，是一种身体瘦小的沼泽鸟类，外形有点像鸡，常栖息在水田和水泽边，叫声响亮，是猎人喜爱的猎物。

猛士”的大公驼鹿，从林子深处狂奔出来。这种嘶吼声就是它向对手发出的宣战。

空旷的原野上猛士们相遇了。它们眼睛里充满血丝，用爪耙着地，摆动着大犄角，个个盛气凌人。随后把脑袋垂下，恶狠狠地向对方发起攻击，它们纠缠在了一起，犄角碰撞发出了“嘎吱嘎吱”的断裂的响声。它们把整个身子都向对方撞了过去，企图用力折断对方的脖子。

它们时而分开，时而又猛扑上去。一会儿弯下前身，一会儿又抬起后腿，用大犄角和敌人对抗着。

它们的犄角又大又笨拙，撞到一块，就会发出“咚咚”的声响。所以，有人就把公驼鹿称作“犁角兽”，这是很有事实依据的：它们的犄角宽大、锋利，跟耕犁似的。

输掉这场战斗的公驼鹿，有的从战场上慌乱溃逃；有的被大犄角撞断了脖子，流着鲜血，瘫倒在地上。胜出的公驼鹿，就用锐利的铁蹄子把它活活踩死。

于是，惊天动地的嘶吼声，传遍了整个林子，就像犁角兽吹响的胜利号角。

林子深处，一只无角的母驼鹿在焦急地等待着。战胜的公驼鹿成了这一地区的霸主。

它发出的嘶吼声，很远的地方都能听到，像打雷似的。

它不能容忍其他驼鹿踏进它的领地。哪怕是小驼鹿也不可以，一经发现，就立马把它们赶走。

最后的浆果

沼泽地上成熟的蔓越莓，根茎生长在淤泥的草堆上，浆果平铺在青苔上。虽然相隔老远就能看见这些浆果，但看不清楚它们长在什么上。只有走上前去，才能看清楚：在青苔上，铺展着一些细绒似的茎，茎的两侧长满了坚硬的小叶子。

你看到的就是一棵小灌木的全貌。

尼·巴甫洛娃

各路齐飞

每天深夜，都会有一些南归的“客人”动身起程。它们不慌不忙、悠闲地飞行着，在回去的途中，它们有很多的时间休息，和春天来的时候完全不同。看得出它们是不舍得和故乡告别的！

它们离开的顺序和来时恰恰相反：五彩斑斓的鸟儿和一些今

年出生的幼鸟最先飞走；春天最早飞来的燕雀、百灵、鸥鸟最晚离开。雌燕雀相比雄燕雀要走得早。那些身体强健、肯吃苦的鸟儿，一般离开得要晚一些。

大部分鸟儿径直飞向南方，如法国、意大利、西班牙等国，也有地中海、非洲等地区。还有部分鸟儿往东飞，途经乌拉尔、西伯利亚，飞去印度；有的甚至飞往大洋彼岸的美国。几千千米的漫长路途，在它们脚下都是一闪而过。

期盼好帮手

这时，乔木、灌木和青草，正在为安置后代忙碌着。

在槭树枝上，有很多成对的翅果垂了下来。它们已经成熟开裂，正等风来把它们卷落，播撒到别处。

小草也在盼望着风：在细长的茎上，一簇簇艳丽的灰色细茸毛，从蓓蕾中显露出来。香蒲的茎长得特别高，高出了沼泽地的野草，在它的顶端，还穿着一件皮袄似的褐色小外罩。山柳菊[1]也长着带毛的小球，微风吹拂，飘飘忽忽，就能到处旅行了。

---

①山柳菊，又名伞花山柳菊，是一种多年生草本植物，叶和根可药用。

其他小草，小果实上也长着纤纤的细毛——有长的，有短的，有一般的，也有羽毛状的。

生长在田间地头、沟壑路边的植物，它们期盼的不是风，而是等待着动物和人类。这类植物中，有牛蒡[1]（bàng），在它长刺的花盆里，全都是带角的种子；有金盏花，它长有三角状的小黑果，特别喜欢粘到路人的袜子上；有一种叫猪殃殃[2]的植物，它长着钩刺，果实圆而又小，只要抓住人的衣服就不肯松手，唯有用一小块毛绒，才能把它从衣服上取下来。

尼·巴甫洛娃

洋口蘑

这时，森林里一片荒凉！到处都是赤裸裸的、湿淋淋的，还弥漫着一股叶子腐烂的味道。能给人带来些许欣慰的，只有洋口蘑了，它让人看上去心生喜悦。这类蘑菇有的丛生在树墩上，有的生长在树干上，有的分散生长在地上，似乎离群索居、独自闲散一般。

它不仅让人看着舒服，采摘起来也挺舒畅。一会儿工夫，

---

①牛蒡，又名蝙蝠刺、黑萝卜、东洋参等，是一种药食两用的蔬菜。

②猪殃殃，又名锯锯草、活血草，是一种多年生草本植物，据说猪吃了就生病，故名猪殃殃。

就能装满一小篮子。还有，我们专采蘑菇的蕈帽儿，而且只采好的！

小洋口蘑非常漂亮：它们的蕈帽紧紧地绷着，跟孩子的没边小帽子似的，还有一条很小的白围巾绕在下面。几天过去，帽子边儿就会向上翘起，变成一顶真帽子；小围巾也会成为领子。

蕈帽上布满了烟丝状的小鳞片，它属于哪种颜色呢？很难说清楚，总之是一种看着舒畅、安详的浅褐色。小洋口蘑蕈帽底下的蕈褶是白色的，而老洋口蘑的蕈褶为淡黄色。

不知你是否留意过：老蕈帽遮在小蕈帽上时，小蕈帽上会有一层粉似的东西。你可能会想："不会是它们发霉了吧？"过一会儿，你就会想到："这都是些孢子呀！"没错，这一层粉是老蕈帽底下生出来的孢子。

倘若你想尝尝洋口蘑，就必须了解它们的特点。集市上，人们常常把毒蕈误认为洋口蘑，这是很危险的。部分毒蕈长得特别像洋口蘑，它们同样生长在树墩上。但是，它们的蕈帽底下没有领子，蕈帽顶儿不长鳞片。帽儿的色彩特别艳丽，有黄色的，也有粉红色；帽褶有黄色的，也有浅绿色的。它们的孢子，全都是灰黑色。

尼·巴甫洛娃

森林里发来的第五份电报

我们在藏身的地方发现，不知是谁在海湾淤泥滩上，偷偷留下了一些小十字和小点子。

后来我们得知，这些都是滨鹬①的杰作。

被淤泥覆盖的小海湾，是它们常来的小餐馆。它们时常在这儿逗留，歇歇脚，找点食物吃。在这片淤泥滩上，它们悠闲地踱来踱去，细长的脚爪就在上面印下了脚趾印。它们将尖长嘴巴伸进淤泥，捉小虫子吃。而且在这些淤泥上，都会印下一个个小点子。

我们抓来一只鹳②（guàn），它整个夏天都是在我们家屋顶上生活的。我们将一个小巧的铝环戴在了它的脚上。金属环上有一行文字：moskwa,ornitolog.komitet a.no.195(莫斯科，鸟类学研究委员会，a 组第 195 号)。之后，我们就放了那只鹳，它带着脚环就飞走了。假如它在过冬地被抓住，那时我们在报上就能得知，我们这儿的鹳在哪里过冬了。

森林里的叶子全都换了颜色，并且开始凋落了。

本报特约通讯员

①滨鹬，又名牛鹬、牛眼鹬、红背鹬，嘴巴尖向下弯曲，是最常见的结群鹬类。

②鹳是一种大型涉禽，形似鹤，但头顶不红，喜欢把巢筑在高树上，与鹭和鹮有亲缘关系。它们多数集群生活，白天进食，以捕食浅水滩和田野小动物为主。

鸽群遇袭

有一天，在伊萨基耶夫斯基广场，市民们正在悠闲自在地散步。突然，在他们面前出现了粗暴偷袭的一幕——

成群的鸽子从广场飞向空中。就是此时，一只大隼从寺院的房顶上俯冲下来，向一只离群的鸽子偷袭过去。然而，我们看到的只是成片的绒毛在空中胡乱地飞舞。

看到这惊险的一幕，人们慌张地躲到屋檐下。只见大隼抓着那只鸽子，急速地飞向大寺院的屋顶去了。

我们这里是大隼迁徙的必经之地。这些凶险狡诈的强盗，习惯在教堂的屋顶和钟楼上，搭建它们的贼窝，这样就能从那儿更好地搜寻猎物。

家禽的冲动

在城市郊区，几乎每晚都有莫名其妙的嘈杂声。

人们只要听到院子里的喧嚷声，就会爬起来，把脑袋伸出窗外瞧瞧。什么情况？发生了什么大事？

在小院子里，家禽都在拼命地拍打翅膀，鹅“咯咯”地嘶鸣着，鸭子也“嘎嘎”地吵闹着。难道是黄鼠狼来偷袭了？或许，是一只狐狸潜入了院子里？

不过，在石砌的围墙里，在家禽的铁栅栏里，什么地方会藏着狐狸和黄鼠狼呢？

主人在小院来回巡查了一番，又将家禽围栏查看了一下。没发现什么情况。谁能潜入这牢固的铁门里面呢！也许是家禽做了噩梦吧！不一会儿，它们就息事宁人了。

主人放心地回到屋里睡觉去了。

然而，过了一个多小时，院子里又传来了“咯咯”“嘎嘎”的喧嚷声。慌乱、吵闹，乱成一片。怎么啦？又是什么情况呀？

你打开窗子，藏在一边仔细听听吧！在漆黑的夜色中，不时闪着星星的光芒。悄无声息的。

但是，没过多久，似乎有一条神秘的身影，从空中闪过，一个跟着一个，接连不断，把星星都挡住了。有一种清脆的、时断时续的呼啸声传了过来，这声音来自高不见顶的夜幕中，神秘而又模糊。

这时，家鸭和家鹅都不再睡了。它们早已忘记了什么是自由，可是由于这种莫名的冲动，一个劲儿地拍打着翅膀。它们抬起脚跟，伸长脖子，拼命地叫喊呀，那声音听起来又忧愁、又凄凉。

自由飞翔在空中的同胞们，在黑夜中发出召唤的声音来回应它们。成群的旅行者，正大批地飞过屋顶。野鸭拍着翅膀发出“扑扑”的声响。大雁和雪雁用喉音相互呼应地长鸣着。

“咯！咯！咯！赶路吧！赶路吧！远离酷寒！远离饥饿！赶路吧！赶路吧！”

那些候鸟的“咯咯”声渐渐地消失在了远处；可是，那些已不再记得如何飞行的家禽们，却还在院子里痴痴地嘶鸣着。

森林里发来的第六份电报

寒霜早早地袭来了。

一些灌木的树叶，仿佛被尖刀划过似的。树叶跟雨点似的纷纷飞落。

蝴蝶、苍蝇和甲虫也都把自己给隐藏了起来。

候鸟中的鸣禽，从一片片小树林中慌忙地飞过。它们实在太饿了。

唯独鸫鸟，即使再饿，也不会发牢骚。它们总是迫不及待地奔向熟了的山梨。

寒风在光溜溜的林子里四处游荡，吹着口哨。所有的林木都已沉静在梦乡之中。林子里很难再听到鸟儿的歌唱。

本报特约通讯员

可爱的小山鼠[1]

就在我们忙着筛选马铃薯时，突然听到有一种东西，在牲畜栏中“沙沙”地钻动。紧接着一条狗跑了过去，在旁边嗅了起来。但那小东西仍在土里发出“沙沙”的声音。于是，狗用爪子刨开了，一边刨着，一边嘴里骂骂咧咧的。

不一会儿，就刨出一个小坑，小东西的脑袋露出了一点。狗看见后更是拼命地刨起来。片刻，就挖出一个大坑，狗一下子就把小东西给揪了出来。小东西一个劲儿地咬它。狗生气了，就把它甩在了地上，恶狠狠地对它狂叫着。

这个小东西和小猫咪一样大，灰蓝色的毛发，还点缀着黄、黑、白三种颜色，挺可爱的。我们把这个小东西称作“山鼠”。

采蘑菇之行

9月间，我相约几个同学到林子里采蘑菇。在那里，我吓走了四只灰色的榛鸡，它们的脖子很短。

然后，我又碰到了一条死蛇，干巴巴的，悬挂在树桩上。我看到树桩上有个小洞，从里面发出咝咝的声音。我心想，这肯定是蛇洞，就匆忙从那儿逃开了。

---

①山鼠，又名山地鼠、香菇老鼠，善于掘洞，性情凶猛且贪婪，主要以香菇、竹根和地瓜为食。

接下来，在我向沼泽靠近时，发现了 7 只从未见过的白鹤，它们长得像小绵羊似的。一看见我，白鹤就急匆匆地飞走了。以前，我只在书本上见到过它们。

伙伴们都采满了一篮子的蘑菇。而我老在林子里到处游荡。随处都有鸟儿在飞，随处也都能听到鸟儿的啼叫。

在回家途中，我们看见一只小灰兔穿过了小路，它的脖子是白色的，后脚也是白色的，看上去十分可爱。

我们从那个有蛇洞的树桩前绕了过去。还看到了很多大雁，它们“咯咯”地大声叫着，正从我们村子上空飞去。

森林通讯员　别兹美内依

驯服的喜鹊

春天，村子里有几个调皮的孩子，把一个喜鹊窝给破坏了。我买了一只他们捉来的小喜鹊，只用了一天，就把它养熟了。第二天，小喜鹊已经有勇气在我手上吃食、喝水了。我给小喜鹊取了一个“魔术师”的名字。后来，它听习惯了，只要我一开口，它就回应。

渐渐地，小喜鹊羽毛丰满了，翅膀也长了，还总爱飞到门上去待着。在厨房餐桌的抽屉里，我总会放一些吃的。只要我每次一打开抽屉，喜鹊就会飞落下来，跑到抽屉里吃东西，那抢食的模样有趣极了。我把它揪出来，它还拼命叫喊着，不愿出来呢！

我要去提水时，只要叫一声：“魔术师，过来！”

它就立马飞到我肩上，陪我一起去。

我们吃早饭时，喜鹊总是第一个忙活起来：一边忙着抓糖，一边又抓甜面包，有时甚至还把爪子放到热牛奶里去，真是不要命了。

最令人哭笑不得的是，我在菜园地里给胡萝卜清理杂草的时候。“魔术师”在一边站着，看我除草。紧接着，它就模仿我，在垅上除起草来，揪出一根根绿草，把它们堆在一起。它在尽心帮我的忙呢！

可是，它不认识哪些是杂草，哪些是萝卜，结果把萝卜也当成杂草拔了出来。真是个“好帮手”呀！

森林通讯员　薇拉·米赫耶娃

秋季大藏身

炎热的夏天，一天天地逝去……

天，渐渐地变凉了……

血液也凝固了许多，行动也变得懒散起来，总是无精打采、昏昏沉沉。

整个夏天，蝾螈都生活在池塘里，没露过一次面。此时，它从池塘里钻出来，向林子里爬去。它来到一个腐朽的树墩旁，钻进一张树皮里，蜷缩在一起。

青蛙和蝾螈不同：它们开始从岸上游进水塘，藏到水底的淤泥里。蛇和蜥蜴钻到了树根下面，躺在暖和的青苔里。鱼儿大批地聚拢在河湖的深水处，躲在深坑里。

蝴蝶、苍蝇、蚊虫和甲虫等昆虫，都藏进了树皮和墙壁的缝隙里。蚂蚁把洞口全都封死了，它们的王国有一百多个出入口，现在全部被封锁了。它们钻进这个王国的最里面，彼此依偎着，拥成一团，就这样一动不动地睡着。

林子里的饥荒到来了！林子里的饥荒到来了！

那些热血的禽兽并不畏惧寒冷，只要有食物吃就好：它们填饱肚子，跟在体内燃起火炉似的。糟糕的是，饥饿常常伴随着寒冷一同降临。

自从蝴蝶、苍蝇和蚊虫藏起来后，蝙蝠就吃不到食物了。于是，蝙蝠只好藏到了树洞、石穴、岩缝和阁楼顶上，用翅膀把自己包裹起来，倒挂在那里，像披了件斗篷似的，静静地沉入了梦乡。

随着青蛙、癞蛤蟆、蜥蜴、蛇和蜗牛，陆续地回家冬眠，刺猬也钻进了树根底下的草窝里。獾也很少爬出洞来了。

迁往越冬地

从天上看秋天

倘若能在空中俯视一下我们祖国辽阔的疆域，那将会是一件非常棒的事情！秋天，虽然乘坐的热气球上升得比森林高，比白云高，高出地面三千米，也看不到祖国的边境。不过，在晴朗的日子，眼睛还是能看很远的。

从高空俯视，你会发现整个地面都在运动：在森林、草原、山丘和海洋的上空，好像有大批的东西在运动。

原来是成群结队的候鸟。

我们这儿的候鸟，正在告别故乡，向过冬的地方迁徙。

然而，也有部分鸟儿留守在了故乡，诸如麻雀、鸽子、寒鸦、灰雀、黄雀、山雀、啄木鸟和其他各种鸟儿。除了鹌鹑（ān chún），野雉（zhì）们也都留了下来。老鹰和大猫头鹰也不走了。可是到了冬天，这些猛禽在我们这儿就无事可做了——它们大多数会飞离我们这儿。

候鸟在夏末就开始启程了——最早离开的，是春天最晚飞来的那一批。就这样，持续一个秋天，直到河水结成冰。最迟告别我们的，是春天最早回来的那一批——秃鼻乌鸦、云雀、椋鸟、野鸭、鸥等。

各有各的归处

候鸟都是从北方飞往南方过冬的吗？如果你这样认为，那就大错特错了！

不同的鸟儿，它们离开的时间也不同，多数鸟儿在夜间飞行，这样相对安全一些。而且，鸟儿并不都是自北向南飞。一些鸟儿，在秋天自东向西飞。一些鸟儿恰好相反——它们自西向东飞。生活在我们这里的鸟儿，部分把越冬地选在了北方！

特派通讯员，有的给我们编辑部发来电报，有的通过广播向我们讲述各种鸟儿飞向何处，它们在迁徙途中身体状况如何等。

迁徙历险记（一）

红朱雀发出“嘁依，嘁依”的叫声，这就是它们之间的交流。早在8月间，它们就已踏上了旅程。在波罗的海、列宁格勒和诺甫戈罗德地区，都能看到它们出发的忙碌身影。它们不慌不忙地飞行着：随处都有吃的，保证它们吃好喝好，急什么呢？这一次又不是急着回家盖房子和生养孩子！

我们看到它们穿过伏尔加河，紧接着穿过乌拉尔山岭。此时，它们又飞行在巴拉巴草原的上空。它们每天都不间断地向东飞，向太阳升起的地方飞。它们穿行在一片片丛林中，在巴拉巴草原上密布着大片的白桦树林。

它们通常是在夜间飞行，白天用来休息，补充体力。尽管它们都是结伴而行，而且每一只小鸟都很小心谨慎，但不幸的事情时有发生。它们一不留神，就有可能被老鹰叼去。在西伯利亚这一带，常有雀鹰、燕隼[①]（sǔn）和灰背隼之类的猛禽出没。它们飞行速度极快！在小鸟飞越一片片丛林时，不知有多少惨死在它们爪下！夜间飞行总是安全一些的——和猛禽相比，这儿的猫头鹰少多了。

---

①燕隼，又名青条子、蚂蚱鹰、虫鹞等，是一种小型猛禽，形似红隼，翅膀呈镰刀形，尾巴较短，飞行迅速，以捕食大型昆虫和小鸟为食。

沙雀飞到西伯利亚就转弯了——它们要越过阿尔泰山和蒙古沙漠，飞往酷热的印度去越冬。在这艰险而又漫长的旅途中，不知有多少鸟儿失去生命。

戴脚环的鸟

1925年7月5日，我们这里的一位年轻科学家，在白海边缘甘达拉克沙禁猎区，捉来一只小北极燕鸥，给它脚上戴上了一个铝制的金属环。金属环的编号是 Φ—197357。

那年7月底，小燕鸥刚刚会飞，大批北极燕鸥就踏上了迁徙之旅。刚开始，它们向北迁徙，到达白海海域；接着，又向西飞，顺着科拉半岛北岸飞行；之后，又向南飞，沿着挪威、英国、葡萄牙和非洲海岸飞行。最后，它们翻过好望角，向东飞行——穿越大西洋，飞往印度洋。

1926年5月16日，这只戴有编号脚环的燕鸥被一位澳大利亚科学家抓到了。他是在大洋洲西海岸弗里曼特勒城周边发现的它。从甘达拉克沙禁猎区到这里，直线距离全长为2.4万千米。

这只燕鸥的标本和脚环一起，被珍藏在澳大利亚比尔特城动物园的博物馆中。

迁徙历险记（二）

奥涅加湖水域，每年夏天都会有很多野鸭和鸥在此出生。野鸭毛色乌黑，鸥毛色雪白。秋天来临时，它们就飞往西方，飞往太阳下山的地方。成群的针尾鸭[1]和鸥也开始向过冬地进发了。那我们就乘坐飞机紧随其后吧。

你们可曾听到尖锐的呼啸声？紧接着，就是水花溅起的声音、翅膀的拍打声、野鸭受惊的“嘎嘎”声、鸥的吵闹声，乱成一片……

针尾鸭和鸥，它们原本是想在林里的小湖上休息的。谁知突然遭受到一只游隼的攻击。这只游隼跟牧人的长鞭似的，在它们身上呼啸而过。它脚上最后一根尖爪，锐利得如同一把小刀，一下子就把野鸭群给刺破了。一只野鸭被抓伤，耷拉着长脖子直往下坠。在它快要落水的瞬间，游隼迅疾地猛冲下去，一把抓起它，向空中飞去。

这只凶残的游隼，是野鸭们的死神。它们是在奥涅加湖同时启程的，并一起穿越了列宁格勒、芬兰湾、拉脱维亚。它不饿

①针尾鸭，又名长尾凫、拖枪鸭等，因长有一对针状的细长尾巴而得名，善飞行，常集群生活，食物以植物为主。

的时候，就停歇在岩石或者树枝上，无精打采地看着鸥和野鸭戏水；看着它们在水面上飞行、打闹；看着它们成群地飞起，继续向西、向太阳落山的地方进发。然而，游隼一旦饥饿难耐，就会不顾一切地扑向野鸭群，肆虐、充饥。

这只游隼紧紧地跟着野鸭群，沿着波罗的海、北海岸飞行。在飞越不列颠岛的途中，野鸭们发现那只赖皮游隼终于不再纠缠他们了。野鸭和鸥们就在这儿放心地过冬了。如果游隼喜欢的话，还可以跟随其他野鸭群继续向南飞行——经过法国、意大利，穿过地中海，一直飞向酷热的非洲大陆。

绵鸭的北极生活

绵鸭是一种多毛野鸭，柔软的鸭绒最适合用来做温暖的冬大衣。它们生活在白海甘达拉克沙禁猎区，现在已经孵出了小鸟。多年来，这个禁猎区一直是绵鸭们最安全的归属地，它们可以在这里无忧无虑地生活。科学家和大学生们给它们戴上了编了码的金属环，是为弄清楚它们究竟前往何处过冬，又有多少绵鸭重新飞回禁猎区，飞回它们的老家园，还为了弄清楚这些鸟儿的生活习性。

现在我们已经了解到，绵鸭过冬时几乎是一直向北飞——飞到黑夜漫长的北方，飞到北冰洋——那儿生活着格陵兰海豹，还有叹着长息的大白鲸。

不用多久，白海就会全部结成冰，绵鸭就再也找不到吃的了。可是在北方，水面全年都不结冰，海豹和大白鲸就到水里捕鱼吃。

绵鸭认真搜寻岩石和水藻，捉些软体动物吃。这些生活在北方的鸟儿，只管能填饱肚子就成。这里天寒地冻，四周一片汪洋，而且被黑暗笼罩着，可绵鸭一点都不怕。它们的棉大衣，严严实实的，密不透风，可以说是世界上最保暖的羽绒。况且那里还时常会出现北极光，有月亮，也有闪亮的星星。虽然，那里的太阳几个月都不露面，可又有什么影响呢？绵鸭生活在那儿，没有一点忧虑，满心舒坦，肚子吃得饱饱的。它们在那儿可以很悠闲地度过北极的漫漫长夜。

候鸟迁徙之谜（一）

候鸟在迁徙时，为何有的飞向南，有的飞向北，有的飞向西，有的飞向东呢？

有些鸟儿在结冰、下雪和找不到东西吃时，才从我们这里离开，这是为什么呢？还有些鸟儿每年都在同一时间里离开我们这里，那时间根据日历来看，没有一天差错，这又是为什么呢？——尽管当时它们还有很多吃的。

其中，最主要的问题是：它们是如何知道秋天应该迁往何处，过冬地在什么地方，以及如何到达目的地呢?

这件事真让人难以捉摸。打个比方说，在我们这里，在莫斯科或者列宁格勒周围，出生了一只小雏鸟。冬天到来时，它居然迁往南非或者印度去过冬。还有一种善飞的小游隼，它在冬天从我们这儿离开，一直奔向遥远的澳大利亚。在那儿短暂停留一段时期，它又重新回到西伯利亚来过春天。

林中大战

（续完）

我们的通讯员，发现了一块新地方，那里的林中大战已经完全停歇。哪儿，就是我们通讯员最早到达过的云杉丛林。

关于这场林中之战的收场情况，我们通讯员搜集到下面这些信息：

虽然成片的云杉，在与白桦、白杨的战争中断送了性命。但最终的结局还是云杉获胜了。

云杉比对手年轻许多，而且白桦和白杨的寿命相对较短。白桦和白杨年老体弱多病，在生长上就比对手慢很多。云杉生长迅速，把稠密的枝叶遮在白桦和白杨的头顶，使它们得不到阳光的沐浴，慢慢地走向枯萎和死亡。

云杉仍然一个劲儿地生长，它们撑起来的树荫越来越浓密。树荫下的地窖又深又阴暗，可怕的苔藓、地衣、小蛀虫、蛾子之类的家伙，都在那儿静静地等候着溃败者的到来。

就这样，一年一年地过去了。

从那片老云杉林被砍伐到现在，整整一百年过去了。争夺那片土地的战争，也已持续了整整一百年。在那块空地上，又出现了一片同样的老云杉林。

老云杉林中，听不到鸟的歌声，快活的小兽也不愿住进来。在那里偶尔冒出的绿色小植物，都无一幸免地走向枯萎、凋零，最后惨死在浓密的云杉丛林中。

冬天到了——林木之间停止了一切战争。林木睡着了，它们睡得比狗熊还要死，雷打不动。它们体内的“血液”不再流淌，不吃也不喝，停止了生长。

用心听听，四下悄无声息。

仔细一看，原来这里是一处沾染血腥、遍布尸体的战场。

通讯员打听到这样的信息：根据计划安排，冬天，人们将来到这里，采伐这片老云杉林。

到了第二年，这里又会重新变成一片采伐地。在这块采伐地上，林木之间的战争将再次爆发。

但是，这一次我们不会让云杉称霸了。我们将插手这场持久而又残酷的战争，把新林木移栽到这片采伐地上。我们会时刻关注它们的成长，必要时，在枝叶似的顶棚砍出几扇天窗，让温暖

的阳光照射进来。

到那时，林子里的鸟儿一年四季都不会断，它们幸福地唱着委婉、动听的歌儿给我们听。

和平树

近些日子，我校的高年级学生，不断地向莫斯科省拉明斯基区的小学生们倡议，在植树周到来之际，每人种植一棵象征和平的树，让和平树在他们的培养下长大。在学校，幼小的和平树与小伙伴们成了朝夕相处的朋友，他们陪伴着小伙伴们一同进步、一同成长。

莫斯科省 茹科夫斯基市 第四小学全体学生

田野空荡荡的。大批的粮食全都进了粮仓。庄员们和市民们已经用新粮做成馅饼和面包，吃得津津有味。

田野的峡谷和陡坡上，遍布着亚麻。它们一直暴露在野外，经受着风吹雨打和阳光的暴晒。现在该把它们收起来，放到麦场上，再经过细心地揉搓之后，把麻皮剥下来。

孩子们假期已经结束，在学校里上了一个月的课。现在他们不能再参加田间劳作了。农民们有的把挖来的马铃薯打包运往车站，有的在干巴巴的沙堆上掘坑，把它们储藏起来。

菜地里也空荡荡的。农民们收完了最后一批卷心菜。

秋种的作物呈现出鲜绿的色彩。这些都是农民们在上一年丰收后，为国家准备的新粮食。灰山鹑不再孤立地徘徊在庄稼地里，而是集结成队伍——每一支队伍都有上百个士兵呢！

打灰山鹑的时节马上就要过去了。

谁征服了峡谷

在我们庄稼地里，不知从哪儿冒出一些峡谷。这些峡谷不断地扩张，最终侵蚀到我们庄稼地里来了。农主们都在为这事操心，我们的少先队员们也和大人们一样操心。有一次我们召开队员会议，专门商讨这事，如何有效地对付峡谷，如何遏止它们的不断扩张。

我们很清楚，要想打败峡谷，就必须栽种一些树木把它包围起来。树木根系只要将土壤牢牢抓住，就能稳固峡谷的边缘和斜坡。

那一次商讨会是在春天召开的，而现在已经到了秋天。我们在林木的苗圃里，已经培植了大批树苗——数千棵白杨树苗、藤蔓灌木和槐树。此时，我们正把苗木移栽到峡谷的周边呢！

几年过后，乔木和灌木就会完全把峡谷斜坡占领。而峡谷，也将温顺地屈服在我们人类的脚下。

少先队大队委员会主席　柯里雅·阿加法诺夫

种子采集月

到了9月，在成片的乔木和灌木上，都长出了种子和果实。现在最需要做的是，多收集一些它们的种子，播种在苗圃中，用来绿化运河和新挖的河塘。

采集种子，最好选在它们成熟前或刚刚成熟的时候，而且要在最短时间里完成采集工作。尤其是尖叶槭树、橡树和西伯利亚落叶松的种子，要尽快采集。

在9月里，需要采集的树种很多：苹果树种、夜梨树种、西伯利亚苹果树种、红接骨木树种、皂荚树种、雪球花树种、马栗树种和欧洲板栗树种、榛树种、狭叶胡秃子树种、沙棘树种、丁香树种、乌荆子树种和野蔷薇种。与此同时，还要采集生长在克里木和高加索的山茱萸[①]（zhū yú）种。

主 意

眼下，全国人民都在积极投身于植树造林这一利国利民、造福子孙的浩大工程中来。

春天，我们迎来了植树节。这一天，我们在池塘边，我们种下了一棵棵小树苗；在高高的河岸上，我们也种下了很多树苗，用来稳固那陡峻的河岸。我们还把绿色带进了校园，带到了运动场上。仅仅一个夏天，这些小树苗就长成了一棵棵亭亭玉立的小树。

这时候，我们想到了这样一个办法——

冬天，我们田间的所有小道，全被积雪覆盖了。这时候，我们就把整片的小云杉林砍伐掉，用它们来遮挡农庄道路，以免它们被雪覆盖。在有些地方，还要立起路标，帮助行人辨别方向，以免被困在雪堆里。这样的工作，年年都在做，年年都会有大批的云杉林被毁掉。

---

①山茱萸，又名山芋肉、薯枣、鸡足等，是一种落叶灌木或小乔木，果实成熟后可药用。

我们心想：干吗年年都要砍掉整片的小云杉林呢？倒不如在道路两旁种上小云杉树，这样不是更好吗？这些小云杉长大后，不但能帮我们护卫道路，而且还能作为行人的指路标呢！

于是，我们开始行动了。

我们挖来大批的小云杉，将它们用竹筐运到村道两旁。

我们悉心地种下一棵棵小云杉，并给它们浇上水。就这样，小云杉快快乐乐地开始在新的家园生长了。

森林通讯员 万尼亚·扎米亚青

尼·巴甫洛娃

母鸡鉴定

昨天，我们在先锋队农庄养殖场，选出了品质最好的母鸡，把它交到专家那里去鉴定。

专家鉴定的第一只老母鸡，是长嘴巴，细长身子，鸡冠颜色很浅，一对没睡醒的眼睛看上去傻呆呆的，那无辜的眼神似乎在说：“你把我抓来干吗呀？”

专家鉴定完，就把它送回了养殖场，对那里人说：“这只母鸡，我们用不着。”

后来，专家又鉴定了第二只小母鸡，它短嘴巴，大眼睛，脑袋宽宽的，艳丽的鸡冠歪向一侧，跟鲜花似的，一对小眼睛闪亮闪亮的。这只小母鸡一边使劲儿挣扎，一边大声嚎叫，仿佛在说：“放手！立马放手！不许赶我，不许捉我，也不要来烦我！你自己不挖蚯蚓吃，还想妨碍别人呀！”

“这只挺好！”专家说，“它可以给我们下蛋。”

原来是这样呀，那些活泼开朗、精气神足的母鸡，才能产出好蛋来。

鲤鱼搬家

春天，鲤鱼妈妈在小河塘里产了卵，一下子就孵出了 70 万条小鱼宝宝。这个小河塘没有其他鱼类，就只生活着它们一家，这可真是一个庞大的家庭啊！一个星期过后，它们就感觉到家里太拥挤了，所以就迁到了大河塘里。在宽敞的环境里，小鱼苗慢慢地长大了，秋天还未到，它们就长成了一条条壮实的小鲤鱼。

此时，小鲤鱼们正忙着搬到过冬的河塘去过冬。冬天一过，它们就 1 岁了。

星期天

以前，小学生们经常到朝霞农庄菜园子帮忙，帮农民们收甜菜、冬油菜、芜菁（wú jīng）、胡萝卜和香芹菜。小伙伴们看见芜菁很吃惊：芜菁长得比他们的脑袋还要大！不过，最令它们吃惊的是巨型胡萝卜。

葛娜立起一根胡萝卜，都和她的膝盖一般高了！这根胡萝卜的上半身，有一个巴掌那么大。

“古代人，肯定把它拿来当战争武器，”葛娜说，“用芜菁来取代手榴弹攻击敌人。人肉大战的时候，就用这种大萝卜专打敌人的脑袋！”

“古代人，不可能培植出那么大的萝卜。”瓦吉克说。

蜜蜂被擒

“把盗贼关在瓶子里。”

这句话出自红十月集体农庄的养蜂人。

那天，天气特别冷，养蜂人没把蜜蜂放出来。然而，黄蜂这些坏小子们正在等待时机，企图潜入蜂房偷吃蜂蜜。不过它们还没飞到蜂房，就远远地嗅到一股香甜的蜂蜜味。它们发现：在养蜂场上放了好多瓶子，里面都盛着可口的蜂蜜。看到这些，黄蜂立刻改变了主意：不去蜂房偷吃蜜了，偷吃瓶子里的蜂蜜，比较文明，而且也比偷吃蜂房的风险小得多。

于是，它们就一股脑儿地钻进了瓶子。结果，它们中计了——活活地淹死在了蜂蜜里。

尼·巴甫洛娃

琴鸡上当记

秋天临近时，大批的琴鸡集结成了一支支队伍。这些队伍里有翅膀坚挺的黑雄琴鸡、有淡黄色雌琴鸡、也有年纪轻轻的小琴鸡。

琴鸡队伍喧嚷着向浆果丛飞去。

它们落到地面就四处散开了。有的在啄食蔓越莓，有的在吃草下的碎石和细沙，这些东西可以把琴鸡体内的食物磨碎，更好地促进食物消化。

也不清楚是谁急促的脚步，踩在凋落的枯叶上，沙沙作响。

琴鸡全都抬起脑袋，注意留心起来。

脚步的急促声向这边奔来了！只见一只北极犬的脑袋，从林木间瞬间闪过，两只尖耳朵直立着。

惊慌失措的琴鸡，有的向树枝飞去，有的躲藏在草丛里。

北极犬闯入浆果丛后，来回奔蹿，把琴鸡全都吓跑了。

后来，北极犬趴在树下，眼睛死盯着树上的一只琴鸡，大声嚎叫起来。

琴鸡也瞪着小眼睛瞅着它。没过多久，琴鸡就有点不耐烦了，在树枝上来回踱着步子，不时低头看看那只北极犬。

真烦人！干吗老赖着不走呀！肚子饿得直叫……快离开这里吧，这样我就能下去啄食浆果了……

“砰——”，突然传出一声枪响——那只琴鸡从树上坠了下来。原来，在它盯着北极犬时，猎人已悄悄地向它靠近，趁其不备一枪就把它打了下来。受惊的琴鸡群，纷纷拍打着翅膀，向林子上空逃去。大片的林子和空地，在它们身下一闪而过。该到哪里休息呢？这里会不会也潜伏着猎人呢？

飞着，飞着，它们就发现在光溜溜的白桦树上，落着三只黑琴鸡。停在这里应该没有危险吧——假如有人潜藏在这里，那三只黑琴鸡就不会这般安心地休息了。

琴鸡们渐渐飞低，落在了树上。可是那三只黑琴鸡，像木墩子似的蹲在那里，一动不动。刚飞来的琴鸡悉心地打量着它们。那是三只很纯正的琴鸡——身子油黑油黑的，眉毛鲜红鲜红的，斑白的翅膀分外好看，尾巴分叉，小黑眼睛闪闪发亮。

很久，它们都相安无事。

砰！砰！林木上空飘起了一阵烟雾，不多久，就消逝了。怎么会有枪声？两只新来的琴鸡怎么会坠下树呢？

然而，那三只黑琴鸡，仍然一动不动地蹲在那儿。其他的琴鸡也照样蹲在树枝上，瞅着它们。树底下没有一个人影，为什么要离开呢?!

琴鸡们不停地转动着脑袋，仔细查看着四周。

砰！砰……

一只雄琴鸡，像泥团似的坠落下来；另外一只飞向树顶，不久也跌落了下来。琴鸡们一片慌乱，纷纷逃离，片刻就销声匿迹了。唯独那三只琴鸡，还像以前一样，纹丝不动地待在那儿。

树底下，一个扛枪的猎人，从隐蔽的棚子里走了出来。他捡起地上的死琴鸡，把猎枪立在树旁，就向白桦树上爬去。

树顶蹲着的三只黑琴鸡，深思似的凝望着林中某处。原来，它们的黑眼睛，是用小黑玻璃珠子做成的。这三只枪打不动的黑琴鸡，是用黑丝绒缝制成的。唯独那嘴巴和分叉的尾巴，是真琴鸡的嘴巴和羽毛。

猎人拿下那只假琴鸡，紧接着又上了另一棵树，去拿其他两只。

远处，那些被吓坏的琴鸡，正在飞过一片森林。它们心生疑虑地察看着每一棵树木，每一棵灌木——在那儿还会遭遇袭击吗？何处能避开阴险狡诈的猎人呢？你一辈子也猜测不到，他会使用什么诡计来偷袭你……

雁的致命弱点

凡是猎手都非常了解，大雁向来好奇；而且大雁相比其他鸟类，更为小心谨慎。

一群大雁聚集在浅沙滩上休息，沙滩距离岸边有1000米远。在那里，不论用什么方法，人都很难过去。雁把脑袋埋在翅膀下，抬起一只脚，安安心心地睡着。

没什么好怕的？它们安排了哨兵！在雁群的四周，都有一只老雁在把守。老雁既不睡觉，也不打瞌睡，总是尽职尽责地环顾着四周。在这样的境况下，你尽管去尝试，如何给它们来个出其不意？

河岸边跑来一只狗。负责把守的老雁，立刻伸长了脖子，看看那只狗究竟在干什么。狗在岸边不停地来回奔跑着，好像是在沙滩上捡什么东西的。

别的没什么可疑之处。但是那条狗干吗老是在那儿奔来奔去呢？还要走近看个究竟才……

这时，一只放哨的老雁跳下水去了。水浪发出的声音，吵醒了另外三只雁。它们也发现了小狗，于是纷纷跳下水，游了起来。

当它们靠近时才发现，原来是从一块石头背后，飞出来很多面包碎片，时左时右的，都撒落在了沙滩上。小狗是在捡那些面

包碎片吃呢。

怎么会有这么多面包碎片呀？

是谁躲在石头后面呢？

那几只雁继续游近河岸，到了岸边，它们伸长脖子，极力想探个究竟……没想到，正是由于它们的好奇心驱使，却疏忽了猎人早已在石头后面，瞄准了它们。“砰砰”，它们全被击落在了水里。

怪马来袭

成群的大雁在庄稼地里狼吞虎咽，几只老雁在四周负责放哨。不管是人还是狗，都不准向它们靠近。

远处的田野上，马儿在悠闲自在地吃草。雁是不会畏惧它们的！马儿温顺善良，以草为食，从不伤害飞禽。有一匹马儿，一边吃地上的残穗，一边朝雁群这边渐渐走来。不碍事的：即便它来到身前，也有时间飞走的。

这匹马还真奇怪：怎么长着六条腿呢？好可怕的怪物……四条正常的腿，两条穿着裤子的腿。

负责放哨的雁，“咯咯咯”地发出警报。庄稼地里的雁儿都扬起了脑袋，警觉起来。

奇怪的马儿还在向它们靠近。

放哨的雁儿飞起来，前去察看情况。

它在空中发现，马背后藏着一个人，手里还握着枪呢！

“咯咯咯！快跑呀！快跑呀！”侦察员再次发出警报，让群雁赶快逃命。群雁立马拍打起翅膀，逃离了地面。

恼怒的猎人，紧追在它们身后连开两枪。但是，它们早就飞远了。

雁群彻底逃离了险境。

死亡号角

在林子深处，每逢夜晚，就会传来驼鹿宣战的号角声。

“不怕死的，赶快出来跟我拼杀吧！”

这时，一只强健的老驼鹿，愤愤不平地从窝里站了起来。它长有 13 支宽大的犄角，身长两米左右，重达 400 千克。

谁有胆量敢挑战林中这只顶级拳手呢？

老驼鹿的蹄子，深深地踏在潮湿的青苔里，满脸杀气地前去应战，连拦路的小树苗都给踩断了。

不可一世的对手又吹响了宣战的号角。

老驼鹿用恐怖的嘶吼声作出回应。这嘶吼声真吓人——把琴鸡群都从树上吓飞了，把胆小的小兔吓得像丢了魂似的，向林子深处逃去。

“我看谁有胆量?”

老驼鹿满眼血丝。它也不看路在哪里，直向对手奔去。它冲出茂密的丛林，来到了一片空旷地带，才发现了敌人!

它拼命地奔过去——心想用大犄角撞，用身体压，再用尖蹄子把对手踏成肉饼!

然而，直到枪响的那一刻，它才看清楚：原来，在树后藏着的是一个猎人，腰上还系着一个大喇叭。

老驼鹿中枪了，它拼命地向林子里奔逃。看来它伤得不轻呀，左右摇晃，鲜血不断地从它身上往下淌。

猎人们出发了

10 月 15 日，报上和往年一样，刊登了猎兔解禁的公告。

8 月初，外出打猎的人围满了车站。他们和以前一样带着猎狗：有带两条的，也有带三条的，有的甚至更多。不过，现在的猎狗已不是夏天打猎时的卷曲长毛猎狗了。

这些猎狗身子宽大结实，四条腿粗长而且直挺，脑袋很重，嘴巴酷似狼嘴。它们身上毛发的颜色很丰富：有黑色、灰色、褐色、黄色，也有像火一样的红色；有黑色斑纹的，有红色斑纹的，有褐色斑纹的，有黄色斑纹的；也有火红色上装点着马鞍形黑毛的。

这些猎狗都是特殊品种。它们的任务就是沿着兽的足迹追踪，直至把它们从洞里赶出来，一边追赶，一边汪汪大叫，以便使猎人清楚，野兽前行的方向。那样，猎人就能提前守候在野兽必经之处，给它们来个伏击。

在城里饲养这些大猎狗非常不容易。很多人甚至没有猎狗可带。我们这一帮人也没有带猎狗。

我们赶去塞索伊奇那，和他们一起围捕兔子。

我们一共有十二个人，用了三小间车厢。乘客们看着我们的一个伙伴都很惊讶，都在笑着小声交流着。

我们这个伙伴是个超级大肥仔，胖得连门都进不来。他足有 150 千克重！

他不是打猎的。医生建议他常出来走走。他最擅长射击，打起靶子来，谁都比不上他。为了使散步多一些乐趣，他就随我们一起外出打猎了。

围猎

晚上，塞索伊奇在林区小车站等候我们。我们在他家住了一晚。第二天一大早，我们这伙人就吵闹着出去打猎——塞索伊奇还请来了十二个庄员，帮忙围捕呐喊。

我们停在林子边上，把编了码的纸条，卷成团儿，放到帽子里。我们十二个猎人按顺序抓阄，抓到什么号码，就站到相应的位置上。

围猎呐喊的人都到林外等候了。在开阔的林间小道上，塞索伊奇依照各自抓到的号码，安排我们站好。

我抓到的是 6 号，胖仔是 7 号。塞索伊奇安排我站好后，就给这位新猎手说明围猎的规则，叮嘱他：不可以沿着狙击线射击，那样会伤到身边的同伴；呐喊人的声音靠近时，就不要再开枪，不能打雌鹿，要等信号指示。

胖仔距离我有 60 步远。打兔子和打熊可不一样。打熊时，猎手与猎手之间，可以相隔 150 步远。塞索伊奇在狙击线上指挥人可是很严厉的，我听到他对胖仔说：

“你干吗钻进灌木丛呀？那样，可不利于开枪。你和灌木丛并排着，就好好地守在那里吧。兔子总是习惯往下面看。形象地说，你的两条肥腿跟两根大木桩似的。你把腿叉开些，兔子就会误认为那是树墩呢。”

塞索伊奇把猎手们都安排妥当后，就跨上了马，到林子边上去安排负责围猎的人。

看样子，还要有一段时间，围猎才会正式开始呢。我向四周环顾着。

在我跟前，大概相距40步远的地方，生长着一些赤裸的赤杨和白杨，脱去了一半叶子的白桦，还杂生着一些毛蓬蓬的黑云杉，跟一堵密封的墙似的。也许不多久，就会从林子深处，从这些挺拔的林木中，跑出一些兔子来，飞出一些琴鸡来。倘若幸运的话，可能还会碰到林子里的大松鸡。我怎么能打不着呢？

时间过得很慢，每一分钟都如蜗牛爬行一样。也不清楚胖仔现在什么情况？

他来回交换着双腿，可能是想站得再跟树墩像一点儿吧……

忽然，在沉寂的森林外面，响起了围猎的两声号角声，那声音悠长而又洪亮。这是塞索伊奇正在指挥围猎呐喊人向前行进——向我们这边推进。

胖仔抬起胳膊，端着双筒枪，像一根手杖似的。他站定后，稳如磐石一般。

他真奇怪！这么早就提前准备了，胳膊会酸痛的。

这会儿，我们还没有听到呐喊声。

不过，围猎的战斗已经打响了——在狙击线上，最早在右侧响了一枪，很快在左侧又响了两枪。其他人都开枪了。只有我还在按兵不动，不发一枪！

胖仔也忙着开枪呢——砰，砰！他在朝琴鸡开枪，不过琴鸡向高空飞去了，这下他算是徒劳了。

现在，已经能听到围猎人轻微的附和声和手杖敲打树干声。这时，赶鸟器的声音也从两侧传了过来。但是，还没猎物奔向我们这边来！

终于出现了！一个毛色灰白的小家伙，从林木背后闪过，看清楚了，是一只正在换毛的小白兔。

哈哈，这是我的猎物！嘿，小家伙，怎么调头了！向胖仔跑去了……喂，胖仔，你干吗总是磨磨蹭蹭的？抓紧射击呀！射击呀！

砰砰！没打着……小家伙一股脑儿地向他直奔过去。

砰砰！

一阵烟雾从兔子旁边冒了起来。这下，可把小兔子给吓坏了，它迅速从树墩样的两腿间逃了过去。胖仔急忙夹紧两腿……

小兔子从两腿间拼命地挣脱了。胖仔也摔倒在地。

我笑得眼泪都流出来了，几乎要窒息。这时，我看到从林子里跑出了两只兔子，一直向我这边奔来，可我不能射击，因为它们是在狙击线上。

胖仔这才缓过神儿，吃力地站起身来。他把手伸给我看，原来是抓掉的一撮兔毛。

我问他："没伤到吧？"

"不碍事儿，最起码夹到了兔子的尾巴尖儿！"

他还真莫名其妙！

开枪结束了。呐喊人奔出林子，来到胖仔跟前。

"叔叔，你应该是神父吧？"

"肯定是神父！看他肚子就知道！"

"它可真胖！没准，怀里藏着很多野味儿，所以才那么胖鼓鼓的。"

不幸的猎手啊！要是在城里、在打靶场上，哪有人肯信这种事儿啊！

现在，塞索伊奇开始督促我们到田野中去围猎。

我们这伙儿人喧嚷着，顺着林间小路向来时的方向走去。后

面紧跟着一辆大车，车上装着我们的猎物，胖仔也在车里。他看上去很疲惫，总是不停地喘着粗气。

猎人们对他可不抱有同情：嘲笑声、讽刺声，像雨点儿似的向他袭来。

突然，在小路转弯处的上空，飞来了一只大黑鸟，大得能抵得上两只琴鸡。它沿着小路，从我们面前一闪而过。

大伙拿起枪就射击，激烈的枪声回荡在整片森林：他们都急着开枪，都想打下这难得一遇的猎物。

黑鸟安然无恙，继续飞着。现在，它已经来到那辆大车的上空。

胖仔也拿起枪，仍然坐在车里。很快，他射击了。

大伙儿都看到：黑鸟几乎跟假鸟一样，在空中耷拉着翅膀，瞬间停止了飞行，一下子就坠落在了小路上。

“漂亮，真干脆利落！”一个庄员说，“看样是位了不起的射手啊！”

猎人们都哑口无言：不是都开枪了吗！大伙可都瞧见了……

胖仔捡起那只打落的老雄松鸡，它可比兔子重得多！这只老松鸡，可是猎人们都想用今天的全部猎物去换取的呀！

从此，人们对胖仔刮目相看，再也没有人取笑他了。甚至连他用双腿抓兔子的事，大伙儿也都不记得了。

本报特约通讯员寄

大家请注意！大家请注意！

我们这里是列宁格勒《森林报》编辑室。

今天，9月22日，为一年中的秋分日。

我们《森林报》将和联合苏联各地，举办一次电波报道。

苔原、原始森林、草原和海洋，请大家都注意啦！

请你们说说，此时，你们那里的秋天是什么情景？

来自雅马尔半岛苔原的报道

我们这里一切都谢场了。夏天，岩石上曾是鸟儿的天堂，熙熙攘攘，热闹极了，而这时已经没有了鸟的啼叫和杂吵声。可爱的小鸣禽都离开了我们这里；雁、野鸭、鸥和乌鸦，也全都离开了。现在这里一片沉寂。只是偶尔响起一阵恐怖的骨头碰撞声：这是雄鹿在用犄角打架。

清晨的严寒，在8月间就来到了。这时各地的河水都被冰冻了起来。捉鱼的帆船和机动船，早早就离开了这里。轮船因为晚走了几天，就被冰封在这里了。现在破冰船正在坚硬的冰原上忙碌着，吃力地为它们开辟出一条冰路。

白昼渐渐变短。黑夜渐渐变得漫长而又寒冷。白苍蝇仍在冰原的上空“嗡嗡”地飞舞着。

来自乌拉尔原始森林的报道

我们正一边欢迎到访的客人，一边又在送别。我们迎来了北方苔原的各类鸣禽、野鸭和雁群，它们只是途经这里，逗留时间很短：今天飞来了一群鸟，只是短暂歇了歇脚，吃了点食物，就离开了。它们大都是在夜深人静的时候，悄悄地奔向远方的。

我们也在为这儿度夏的鸟儿送行。这里大多数候鸟，已经踏上漫长而又艰辛的旅途。它们这是迁往阳光充足的地带去过冬。

秋风吹落了白桦、白杨和花楸[1]（qiū）树上枯黄的叶子。落叶松呈现出一片金黄，它们的针叶也变得坚硬起来。每天深夜，

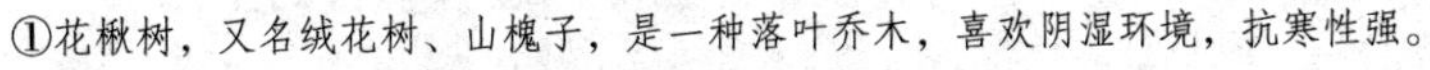

①花楸树，又名绒花树、山槐子，是一种落叶乔木，喜欢阴湿环境，抗寒性强。

都会有一些大雄松鸡，停落在落叶松的树枝上。它们黑乎乎的，待在黄色的针叶间，忙着填饱肚子。榛鸡在漆黑的云杉丛中尖叫着。有很多红胸脯的雄灰雀、雌灰雀、红松雀，以及红头朱顶雀和角百灵，也都来到了这里。它们是从北方来的，感觉这里挺不错的，于是就决定在这里安营扎寨，不再继续向南飞行了。

田野空荡荡的，在风和日丽的白天，蜘蛛丝被小风轻轻吹拂着，在田野上飘荡。很多地方，最晚一批三色堇（jǐn）还在开放着。在桃叶卫矛的灌木丛上，挂着很多漂亮的小果子，一个个红红的，如同中国传统的小灯笼。

我们的马铃薯就快收完了，蔬菜地里正忙着收获最后一批卷心菜。我们菜窖里装满了各种蔬菜，都是冬储的。我们还到大森林中去搜集杉松的坚果。

小兽们也不甘落后，有一只小尾巴的金花鼠，把很多杉松的坚果运到洞里去了。它还从菜园里偷来许多葵花籽，把自家仓库装得鼓鼓的。毛发棕红的小松鼠，正在树枝上晾晒蘑菇。它们正忙着换衣裳，穿上浅蓝色的毛皮大衣。林子里的长尾鼠、短尾鼠和水老鼠，都搜集来各种麦粒，装满自己的粮仓。长有斑点的星鸦，也在忙着搜集坚果，把它们藏在树洞或者树根底下，为饥荒做准备。

熊选好了地址，开始为自己建造洞府，它扯下了一张张云杉树皮，做成了漂亮的褥子。

大伙儿都在为过冬忙碌着，也都在过着辛苦的生活。

来自沙漠的报道

我们这儿正在庆祝节日，因为这里又有了春天时的繁荣景象。

难熬的酷暑过去了，雨下得没完没了。雨后，空气清鲜，远处景物清晰可见。小草又变绿了。为躲避烈日而藏起来的动物，也纷纷跑了出来。

甲虫、蚂蚁和蜘蛛都从洞穴爬了出来。细脚爪的金花鼠，也从地洞里爬到了地面。跳鼠长着一条长尾巴，跟小袋鼠似的来回蹦跳着。睡了一个夏天的大蟒蛇，也爬出洞来，追捕那些跳鼠了。猫头鹰、草原狐、沙漠猫也都出现了。长跑健将黑尾羚羊、弯鼻羚羊，也快速奔驰着。各色的鸟儿也都出现了。

这里真如充满勃勃生机的春天一样：遍地都是绿色，遍地都是鲜活的生命。

我们继续行走在充满绿意的沙地上。

在几百、几千平方千米的土地上，都将营造大片的防护林。森林将肩负起保护田野的使命，让它们免受风沙热浪的侵袭，并且还要彻底战胜沙漠。

来自帕米尔山的报道

我们这里有一座高大挺拔的帕米尔山，人们将它称为世界的屋脊。它的山峰有的甚至高达7000米，真是高耸入云啊！

在这里，同一个时期，有两个季节：山谷是夏天，山顶是冬天。

不过秋天到了，冬天就从山顶往下移，把各色生命赶下山顶。

有一种山间野羊，夏天就生活在冰冷的悬崖峭壁上，这时，它们最早从那里撤离，向山下迁徙；那里的植被全被积雪覆盖了，它们没有食物可吃。

住在山上的绵羊也准备撤离牧场，搬到山下来。

夏天，在高山牧场上，生活着很多肥头大耳的土拨鼠，这会儿它们全都不见了踪影。它们钻到洞里去了。它们备足了冬粮，吃得肥肥胖胖的，藏在洞窝，用草团把洞口封死。

雄鹿、雌鹿也都顺着山坡向下迁徙。野猪在胡桃树和野杏树的丛林中生活着。

在山脚下的溪谷中，一下子就飞来很多夏天从未碰到的鸟儿：有角百灵、草地鵐、红背鸲（qú）和怪异的蓝色山鸫（dōng）。

这时，大批鸟儿从寒冷的北方飞来，来到了我们这片温暖的土地。这里各种食物都很充足。

我们的山脚下，现在经常是阴雨天。一场场秋雨过后，冬天就向我们慢慢逼近，山顶已开始下雪了！

地里正忙着摘棉花，果园里正忙着收获各类水果，山坡上正忙着摘胡桃。

至于山上的小路，早被厚厚的积雪掩埋，不能走人了。

来自乌克兰草原的报道

很多淘气的小球，在被阳光烤焦的草原上飞驰着。它们来到身旁，跑到他们的脚上，不过一点儿都不疼，它们太轻巧了。其实它们哪是什么球呀，而是一个个干枯的小草团儿。这会儿草团儿已越过了土堆和石头，跑到它们背面去了。

这些小团儿都是成熟的风卷球，它们被风吹着满草原奔跑，它们就利用这个时机，把种子播撒下去。

沙漠上的热风在草原上肆虐不了多久了。我国人们营造的防护林，已经长大了，可以保护农田了。这些防护林将拯救我们的粮食，使它们免受干旱侵蚀。人们还开辟了伏尔加河—顿河的灌溉渠，向这里引水灌溉。

现在，我们这儿正值打猎的最佳时期。生活在沼泽地的野禽和水禽，不管是外来的，还是当地的，都聚集在了草原湖的芦苇丛中。在小峡谷中，在野草丛生的地方，潜藏着很多小鹌鹑，它们吃得肥肥的，可爱极了。草原上也生活着很多兔子，全是带红斑点的大灰兔，不过没有白兔。这里的狐狸和狼也不少。用枪或者用猎犬捕获它们都行，任由你选择！

西瓜、香瓜、苹果、梨子、李子之类的新鲜水果，在城里的市场上，都堆满了。

来自海洋的报道

我们的航船经过北冰洋的冰原地带，途经亚美两洲之间的海峡，就来到了太平洋。在经过白令海峡时，我们时常能看到鲸；到了鄂霍次克海，我们也时常能看到它们。

这些鲸还真是世上让人称奇的野兽！它们的个头、重量、力气都是世间少见的。

我们曾见到过一头鲸，被捕鱼人拖到一条大船上，它可能是露脊鲸，或者鲱鲸。这头鲸全长 21 米，与六头首尾并排的大象那么长！它有一张巨型大嘴，可以装下一只木船，包括划船的人。

单单只是它的一颗心脏，就重达 148 千克，差不多和两个大人一样重。它体重更是重达 5.5 万千克，合成 55 吨啊！

倘若制作一架巨型天平，把这头鲸置于天平的一侧，那么，要使天平两侧持平，另一侧就要站上高矮胖瘦、男女老少 1000 人，可能这 1000 人还远远不够呢！况且它还不是最大的一头鲸，有一种身长 33 米的蓝鲸[①]，足有一百多吨重呢！

这种鲸力大无比：如果它被带绳索的标叉刺到，就能拉着渔船，跑上一天一夜；更坏的是，一旦它钻入水底，渔船也将彻底沉没。

以前有发生过类似的事情。不过，现在可不一样了，真让人难以想象，摆在我们面前的这个巨大怪兽，竟在一瞬间，就被渔民给杀死了。

前不久，他们还在小船上用带索的短标叉，来捕猎鲸呢。可是后来，捕鱼人就在轮船上，用特制的炮来捕猎鲸，炮筒里没有炮弹，而是带索的标枪。这头鲸就是被这样的标叉打中的，不过

---

①蓝鲸，又名剃刀鲸，是一种海洋哺乳动物，地球上已知的体型最大的动物，最大可达 34 米，最重达 195 吨，在世界均有分布，主要以南极海域居多。

将它致死的不是标叉，而是强大的电流。原来捕鱼的标叉上，装有两根电线，它的一头就安在发电机上。当标叉跟针似的刺进鲸鱼体内的一瞬间，两根电线就被连接了起来，于是强大的电流就将鲸电死了。

就这样，这头傻大个儿颤抖着身子，没过多久就奄奄一息了。

在白令海峡周围，我们发现了生活在这里的海狗；在铜岛周围，我们还发现了一些大海獭（tǎ），它们正领着孩子在游玩。它们的毛皮对我们来说特别珍重。以前，它们几乎被日本强盗和俄国沙皇强盗赶尽杀绝，后来因为得到法律的保护，才得以幸免，并且在数量上有了一定的增加。

我们在经过堪察加附近时，看到岛屿边有一些巨型海驴①，

---

①海驴，又名北海狮，是一种体型最大的海狮，因颈部有鬃状长毛且叫声似狮吼而得名。它们性情温和，多喜欢群居生活，以捕食底栖鱼类和头足类为主。

它们差不多和海象一般大。

不过，与鲸相比，这些野兽就非常渺小了。

秋天，鲸都离开了这里，向热带海域迁徙了。它们将在那里生儿育女。明年这个时候，就会带着孩子回到故乡，回到太平洋和北冰洋海域。这些小鲸虽然还在吃奶，但它们的个头已经超过了两头牛。

在我们这里，法律是禁止捕杀小鲸的。

我们的无线电报道，到这里就告一段落。

12 月 22 日进行的报道，将是最后一次报道，请大家不要错过。

打靶场

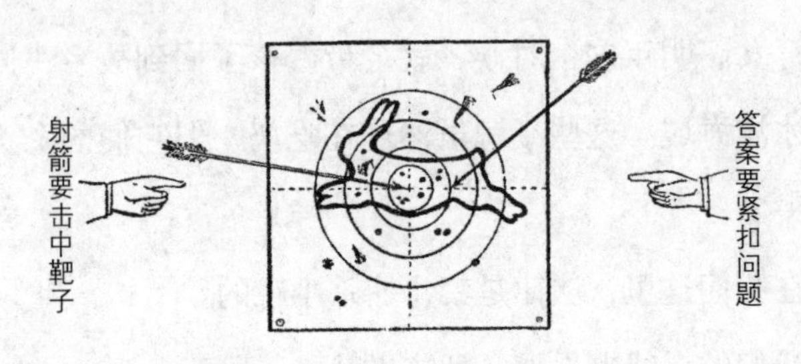

第七次竞赛

1. 日历上，真正的秋天是从哪一天开始的？
2. 秋天落叶时节，什么野兽还在生儿育女？
3. 秋天，什么树的叶子会变红？
4. 秋天，候鸟都是由北向南飞吗？
5. 老驼鹿为何又叫“犁角兽”？
6. 在林子里和草场上，庄员们将草垛圈起来，是为防备哪些野兽？
7. 春天，什么鸟的叫声仿佛在说：“我要买件大褂。”
8. 这两幅图是两种鸟留在淤泥上的脚印。其中一种鸟住在树上，一种住在地上。依据留下的脚印，你能辨别出两种鸟分别住在哪里吗？

9. 什么时候对鸟射击比较妥当？在鸟飞走的时候，还是在鸟儿刚刚飞来

的时候？

10. 乌鸦在林子上空呱呱地盘旋，这说明了什么？

11. 好猎人为何从不伤害雌琴鸡和雌松鸡？

12. 这里画的是什么野兽的前脚骨骼？

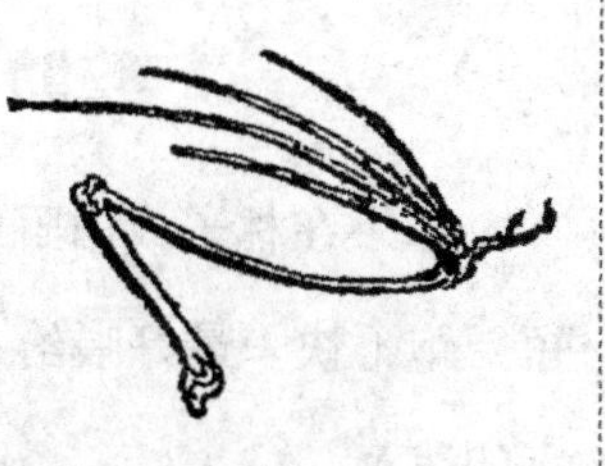

13. 秋天，蝴蝶都藏到什么地方去了？

14. 太阳下山后，猎人观察野鸭时，脸朝向哪一方站着？

15. 人们通常在什么时候骂鸟儿："飞到海外去找死吧？"

16. 今年把它土中埋，明年变个模样冒出来。（谜语）

17. 小小马儿奔得快，远离大陆到海外，脊背像黑貂，肚皮雪白白。（谜语）

18. 待着的时候是绿色，飞行的时候是黄色，落下的时候是黑色。（谜语）

19. 身体长又细，落入草丛爬不起。（谜语）

20. 有一个灰家伙，牙齿特别厉害，寻东找西徘徊在野外，又寻小牛，又找小孩。（谜语）

21. 小小贼骨头，身披灰衣裳，蹦来蹦去在地里，五谷杂粮都往肚里填。（谜语）

22. 松树林中，在醒目的地方，立着一个小老头子，头顶着一个棕色帽子。（谜语）

23. 有皮的时候，不可以用；把皮去掉了，人人都想要。（谜语）

24. 自己不拿，也不准野鸭来偷。（谜语）

救助无家可归的小兔子

如果在林子或田野中，逮到了小兔子。这时它们的腿还比较短，跑不快。最好喂给它们牛奶喝，另外，再放一点卷心菜叶和别的蔬菜。

有名的小鼓手

你抚养的长耳小东西，是不会让你空虚的：兔子可是出了名的鼓手。它们白天在木箱子里老老实实地趴着；一到晚上，就用爪子抓箱壁，跟敲鼓似的，把你从睡梦中搅醒！你要晓得，兔子可是个夜猫子呀！

快造小棚子

赶紧把小木棚建在河岸、湖岸或者海岸边上吧。清早或者黄昏的时候，你躲到小木棚里去，不出声地坐在那里。在候鸟向南迁徙时，你能看到很多有意思的事情：野鸭从水里钻出来，蹲在岸边，距离你很近，你可以很清晰地看到它身上的每一根羽毛；滨鹬在水里绕着圈子；潜鸟不时地潜水，在四周来回游动；鹭鸶（lù sī）

飞来了，停在小木棚附近。你也许还可以看到一些夏天从未见过的小鸟。

捕鸟的人，快到森林和果园里去吧！

在林木上提前挂上准备好的捕鸟器！将场地清扫干净，把捕鸟套和捕鸟网设置在那里！这时正是捕鸟的最佳时机。

第六次测验题

谁来过这里？

这是村子里的一个水塘。然而，村里的人们并没有在这里饲养家鸭。那么，在夜深人静的时候，会不会有野鸭到这个水塘来游泳呢？

图 1

林子里有两颗白杨树，不知道被什么动物啃食过，啃的痕迹不一样。会是什么动物啃的呢？哪种动物会来这里呢？

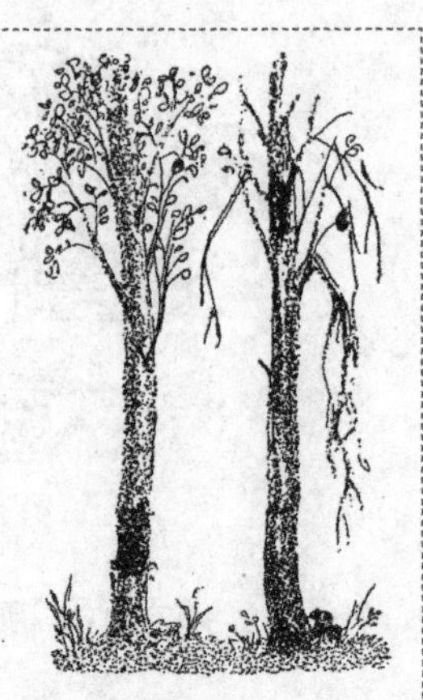

图 2

林间小道的水洼边，不知道是什么动物走过，留下了一些小十字和小点子。会是什么动物从这里走过去的呢？

图 3

不知道是什么动物把一只刺猬给吃掉了，从刺猬的腹部开始吃起，竟把整个儿刺猬都给吞掉了，仅仅留下了一张皮。这究竟是哪种动物干的呢？

图 4

No.2

粮食冬储月

（秋季第二月）

从 10 月 21 日到 11 月 20 日　　太阳进入天蝎座

10月里，枯叶凋零，道路泥泞，冬伏登场了。

瑟瑟的西北风卷走了树上最后一批叶子。乌云密布，飘洒下绵绵秋雨。一只全身淋透的乌鸦，孤单地站在篱笆上，看上去特别失魂落魄。它也即将离开这里了。一只只度夏的灰乌鸦，不知什么时候偷偷地飞向了南方；这时，又有一批灰乌鸦从北方偷偷地飞来了。原来乌鸦也是候鸟，也要迁徙过冬。在偏远的北方，乌鸦和这儿的老鸦一样，它们都是春天最早回来，秋天最晚离开。

秋，在给森林脱去外装后，也就圆满地完成了它的第一项任务。这时，它要去办第二件事情：把水变得越来越凉，越来越凉。清晨，水坑里常有一层薄冰遮盖着。水中的生命渐趋减少，和空中一样，显得荒凉。夏天生活在水中的花儿，不再张扬，早早地把种子埋到水下，把细长的花梗收回了水里。鱼群也都迁到深坑里去了，那儿四季不结冰，是个过冬的好地方。长尾巴的蝾螈，在水塘里度过了一个夏天，现在从水里爬上了岸，钻到树根底下去过冬。渐渐地，池塘里的死水全都被冻住了。

陆地上的冷血动物，血液也开始变凉了。昆虫、老鼠、蜘蛛、蜈蚣，都不知躲到哪儿去了。蛇钻到暖和的洞里，缩蜷成一团；癞蛤蟆藏进淤泥里；蜥蜴钻到了树皮底下……各种野兽有的穿上毛茸茸的皮大衣；有的在地下仓库储备了满满的粮食；有的在寻找过冬的巢穴。它们都在忙着为过冬做准备……

在风雨交加的秋天，气候瞬息万变。时而大雨倾盆，大地泥泞；时而阴风怒号，落叶飘飘。

过冬准备

虽然天气不是很冷，但也不能粗心大意呀！寒气即将袭来，大地万物很快就会被封冻起来。到那时，该去何处觅食呢？该去何处躲藏呢？

林中每一位居民，都在根据自己的生活习惯为过冬作着准备。

该离开的，张开了翅膀；该留守的，都在忙着填满粮仓，备足冬粮。

短尾巴野鼠正在特别卖力地往洞里运送粮食。很多野鼠干脆就把洞挖在草堆或者粮食堆下，每天晚上都出来偷粮食。

一个鼠洞，就有五六个小走廊，每一个走廊连接一个洞口。

地下深处还准备了一间寝室和几间粮仓呢！

冬天，在天气很冷的时候，野鼠才去睡觉。所以，它们有充足的时间去储备冬粮。在一些洞里，有的野鼠已经储藏了四五千

束饱满的谷穗呢！

这些野鼠专爱从田地里偷吃粮食。因此，我们要对它们多加提防，以免影响了收成。

过冬的小家伙

各种树木和多年生野草，都在为过冬忙碌着。

一年生的草本植物，都已经将种子埋入了土里。然而它们也不全都以种子的状态过冬，部分还长出了芽儿。许多一年生野草，在翻耕过的菜地里开始生长了。在空荡荡的黑土地上，我们还能发现荠（jì）菜[①]长出的锯齿形的小叶子；还能看到与荨麻相似的紫红色野芝麻的小叶子；另外还有小而精致的香母草、三色堇、犁头菜，自然也少不了令人厌烦的紫缕。

这些小植物都在忙着准备过冬，要一直活到来年的秋天呢！

谁准备好了过冬

一棵有很多分叉的椴（duàn）树[②]，在雪地里格外引人注目，跟棕红色斑点似的。不过，这种棕红色不是树上的叶子，而是长

---

①荠菜，又名菱角菜、护生草、清明草等，在古代被誉为“灵丹草”，是人们喜食的野菜之一，营养价值很高。

②椴树，是一种落叶乔木，叶卵形或三角状卵形，花期6～7月，果实黄褐色，小坚果球形，可以加工成念珠。

在坚果上的小翅膀。在椴树长短不一的枝条上，长满了这类带翅膀的小坚果。

不单单是椴树有这类装饰。旁边这棵大梣（cén）树，同样也结了很多干果。这些细长的干果，跟豆荚似的，一簇簇地、密密麻麻地坠在枝头。

不过最好看的，要属山梨树了！就是这个时候，山梨树上还在挂着那一串串亮丽的大浆果呢。在小蘖（niè）上，还能发现一些浆果呢!

桃叶卫矛的果实特别美妙，总在炫耀自己的美丽，跟长着黄色雄蕊的玫瑰花像极了。

这里还生长着一些乔木，在冬天到来之前，没能播下自己的后代。

还有白桦树，树枝上是一簇簇枯萎的柔荑花，花里全是小翅果。

赤杨的枝上还挂着黑色的小球果。但是，白桦和赤杨都为春天储备好了葇荑花序。春天一旦来到，这些柔荑花序把身子一伸，鳞片一张，就能绽放了。

榛子树上也长着深红色葇荑花序，而且每一根树枝上都有两对。但是，榛子树上已经没有榛子了。它们有充足的时间做每一件事：和孩子们辞别，也为过冬作好了准备。

尼·巴甫洛娃

水鼠的冬粮

耳朵短小的水老鼠，夏天就在小河边的大宅子里生活。这个大宅子就建在水边的地底下，有一条走道从洞口直通下去，一直延伸到水里。

这时候，水鼠在远离河边的、满是草堆的草场上，又为自己准备了一间温暖的卧室，用来过冬。有几条长长的走道，向这个房子通来。

卧室建在一个大草堆下，垫子是用暖和的干草做成的。

有几条特殊的走道，贯通了储藏室和卧室。

储藏室里整理得井然有序。水鼠把从庄稼地和菜地里叼来的五谷、豌豆、蚕豆、葱头、马铃薯等食物，全都分了类，整齐地堆在那里。

晒蘑菇

松鼠在树上搭建了几个小圆窝，其中一个被用来作为粮仓，它把从林子里采集来的坚果和球果，都放在了里面。

除此之外，松鼠还采了一些蘑菇，有油蕈和白桦蕈。它把蘑菇挂在枝头上晾晒，冬天一

到，它就在树枝上跑来跑去，把那些晒干的蘑菇拿来吃。

姬蜂用计

姬（jī）蜂[1]为孩子找了一个很特别的储藏室。

它有一双特别能飞的翅膀，在翘起的触角下长着一双锐利的眼睛。纤纤的小腰，将它的胸部和腹部分成两段：在尾巴末端，长着一根缝针似的尾针。

夏天，姬蜂找来一只肥大的蝴蝶幼虫。用尾针刺开它的皮肤，就把卵产在了里面。

姬蜂产完卵就离开了。那只幼虫不久就变回原来的样子，又在啃食树叶了。到了秋天，幼虫长出茧来，成了一个蛹。

在蛹里头，姬蜂的幼虫也破卵而出。在这密室似的茧里，又温暖又安全。而这只蛹，刚好成了它的食物，足够幼虫吃上一年。

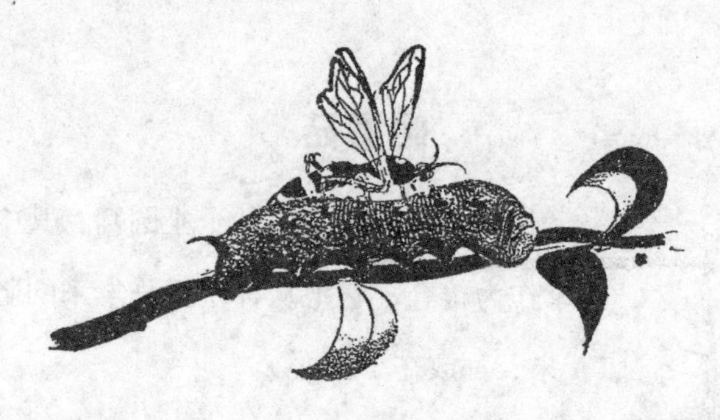

①姬蜂，形似黄蜂，种类繁多，约有4万种，分布广泛，主要寄生在蜘蛛和昆虫身上，取食宿主，对人类有一定益处。

夏天一到，茧就破开了，但是没有蝴蝶飞出来，而是一只细长壮实的彩色姬蜂。姬蜂专吃有害的昆虫幼虫，所以它们是我们的好伙伴。

一批特殊的过冬客

有很多野兽，它们从来不为自己建造储藏室，因为它们的身子就是储藏室，它们是一批特殊的过冬客。

秋天，它们在短短几个月里，敞开胃口大吃，把自己吃得又肥又壮，全身都是脂肪和肉，这些就是它们的储藏室。

脂肪就是被储备起来的营养物质，在冬天没有食物吃时，它们就跟养料似的，穿过动物肠壁进入血液。血液再将这些养料送往全身各处，供各个器官使用。

整个冬天都在沉睡的熊、獾、蝙蝠，还有类似的好多野兽，都是靠这种方式过冬的。它们把肚皮吃得肥肥的、厚厚的，然后蒙头就睡，一点都不用担心被饿着。

脂肪除了能提供营养，还能为它们提供热量，暖和身体，阻止寒气侵入到体内。

贼窃小偷

林子里的长耳鸮（xiāo）是那样的狡诈和爱偷东西！可是它居然也被一个贼给偷了。

长耳鸮从外形看，长得跟雕鸮很相似，只是个头稍小一点。它长着一张钩子似的嘴巴，脑袋上竖着两撮毛，还有一对大眼睛。在漆黑的夜里，它那双敏锐的眼睛可以看清一切，耳朵也能听到任何声响。

藏在枯叶堆里的老鼠刚发出一点窸窣声，就被长耳鸮给抓住了；从林子里溜过的小兔子，也没能逃脱它的魔掌。

长耳鸮把抓来的老鼠带回洞里，自己不享用，但也不许别人享用。原来它是想留着在冬天里应急，那时可是很难找到食物的！

白天，它就守在树洞里，看管自己家里的食物；晚上，才外出去捕食。不过，它会时不时地飞回洞内瞧瞧，是不是食物依然完好？

有一次，长耳鸮突然发现：它家里的食物少了一些。长耳鸮眼神儿特别好，它尽管不会算数，但很会用眼睛查看。

夜幕降临，长耳鸮感觉饿了，就外出捕食去了。当它回到洞时，却发现储存的猎物连个影子也不见了。突然，它看到了洞底

的一只小灰兽。

当它正要抓盗贼时，谁知小灰兽跑得比谁都快，眨眼工夫就穿过洞下的裂缝，跑到了地面。

长耳鸮紧追不舍，很快就要追上时，仔细一看：原来是一只凶悍的伶鼬（líng yòu），长耳鸮就不敢再追了。

伶鼬平生以偷盗为生，别看它个头小，却厉害得很，有胆有谋，而且手脚灵活，敢公然向长耳鸮挑衅。长耳鸮是怕它的，倘若被伶鼬一口咬住，长耳鸮就会性命难保了。

复活的夏

秋天的天气真是变化无常，时冷时暖。寒风吹来，像针扎进骨头似的；太阳一出，天气立马就暖和起来，感觉就像回到了夏天一样。

这会儿，从草丛中长出了金黄色的蒲公英和樱草花。蝴蝶在半空中翩翩起舞；成群的蚊虫，跟黑色的柱子一样，在空中浮动着。

这时，一只轻巧可爱的鹪鹩（jiāo liáo）飞来了，刚刚停下脚

步就唱起歌来，唱得既洪亮又奔放！

从大云杉树上，也传来了迟迟不曾离去的柳莺的歌声，声音是那样的清脆，又是那样的忧伤，仿佛水滴落在水面，发出的美妙声响似的！

此情此景，一定会让你将冬天的临近抛在脑后。

受惊的青蛙

所有的池塘连同生活在里面的小住户，全都被寒冰覆盖了。没多久，冰层又突然化掉了。庄员们清理了一下池底，掘出了一堆堆淤泥，就离开了。

太阳一直照射着大地，淤泥被晒得冒出了热气。突然，淤泥堆抖动了起来：一小团泥巴从淤泥堆里跑了出来，在地上翻滚起来。这是什么情况呢？

这时，一条小尾巴从泥巴里露了出来，在地面一个劲儿地抖动着。动着，动着，哗啦一声，就跳进水塘里去了！紧接着，第二个小泥团也跳进去了，然后又是第三个、第四个、第五个……其他一些小泥团，也都伸出小腿，跑到了水塘边。

这哪是什么泥巴，它们分明都是些裹着泥巴的活鲫鱼和活青蛙。

它们原本是藏在淤泥里过冬的，但是庄员们却将它们和淤泥一起挖了出来。淤泥堆被太阳烤热了，鲫鱼和青蛙就苏醒了。它

们一醒来，就四处蹦蹦跳跳：鲫鱼跳回了水塘；青蛙重新去寻找更安静的地方，以免睡得昏昏沉沉时，再被好事的人们挖出来。

这时，几十只青蛙似乎协商好了一样，都向一个地方奔去了。在麦场和道路的对面，有一个新池塘，比从前那个更大更深了一些。此时，青蛙已经跑到了路上。

在秋天，太阳的关爱总是靠不住的。

很快，太阳就被密布的乌云遮住了。刺骨的寒风吹了过来。赤裸的小旅行者们被冻得直打哆嗦。青蛙使尽最后一点儿力气蹦了几下，就瘫躺在了地上。

它们被冻僵了，血液也凝固了，瞬间成了僵硬的一团。

它们全都葬身在了凌厉的寒风中。

它们脑袋都朝向同一个方向——道路一侧的大池塘。那处大池塘里有温暖的、可以救命的淤泥。

可爱的小鸟

夏天，我在一片林间散步，忽然听到密草丛中有东西在跑。最初把我吓了一跳，定下神儿来，我认真地巡视了一番，才发现是一只小鸟被青草缠住了。这只鸟个头不大，全身都是灰色，唯独胸脯是红的。于是，我就把它捉回了家，别提有多高兴了。

在家里，我拿来面包屑给它吃。它吃了点儿，就变得活泼起来。我为它专门制作了一个笼子，又捉来一些虫子给它。它就这

样在我家生活了一整个秋天。

有一天，我外出游玩，临走时竟忘了把鸟笼关好。笼子里的小鸟就成了我家小猫的一顿美食。

我很喜欢这只小鸟，和它感情很深，为此还大哭了一场。既然事情已经发生了，那又能怎样呢?

森林通讯员 奥斯达宁

一只松鼠

松鼠最挂念的一件心事，就是夏天采集多多的粮食，为过冬做准备。

我看到一只松鼠，摘下云杉树的一个球果，叼回了洞里。我在这棵树上刻了一个标记。后来，我们就伐掉这棵树，捉住了那只松鼠，在它的洞窝里还找到了很多球果。我们把捉来的松鼠带回家，放在笼子里养着。

一个淘气的小男孩把手指伸了进去，结果被松鼠一下子就咬穿了——它还真凶悍！我们找来很多云杉球果给它吃。它还蛮喜欢吃的，不过它的最爱还是榛子和胡桃。

森林通讯员 斯米尔诺夫

我家的小鸭

我妈妈把三只鸭蛋放在一只母火鸡[①]的身子底下。

第四个星期时，就孵出了几只小火鸡和三只小鸭子。它们现在还很小，我们就把它们养在了温暖的地方。有一天，我们第一次让火鸡妈妈领着孩子外出散步了。

在我们家旁边，有一道水沟。小鸭子立马摇摆着身子走下去，在沟里游了起来。火鸡妈妈急忙跑过去，在岸边来回徘徊，不停地大叫着："喔！喔！"它看到小鸭子在水里悠闲地游着，一点儿都不理睬它，就安心地领着小火鸡离开了。

小鸭子在水里游了一会儿，感觉身上发冷，就爬上了岸，被冻得浑身发抖，"嘎嘎"直叫，可哪儿有暖和身体的地方呀！

我将它们拿在手上，用手帕盖住，带回屋子里；它们很快就沉静了下来。它们就这样一直住在我家里。

---

①火鸡，又名七面鸟、吐绶鸡，是一种原产于北美洲的家禽，善飞行，夜间栖息在树上，以觅食昆虫、蔬菜、谷类为主。

早上，我把它们重新放到外面，它们又跳到水中。它们一旦觉得冰冷，就会快速地往家里奔。因为翅膀都还没长整齐，所以它们爬不上台阶，急得直叫唤。把它们拿到台阶上，它们进了屋子就向我床边跑来，然后立在那儿，把脖子伸长了，又开始不停地叫唤。这时，我还在睡觉。妈妈将它们拿到床上，它们一股脑儿地钻进我的被窝就睡了。

秋天来了，三只小鸭已经长大了；我也被送去城里读书了。小鸭子因为想念我，老是一个劲儿地叫唤。我得知这个信息后，还偷偷地哭了不少次呢。

森林通讯员 薇拉・米赫耶娃

神秘的星鸦

我们这里的林子，生活着这样一种乌鸦，它比一般灰乌鸦个头要小点儿，全身布满了斑点。当地人把它叫作星鸦，西伯利亚人称它为星乌。

星鸦把搜集来的松子，储藏在树洞或者树根底下，为冬天做准备。

冬天，星鸦就到处飘荡，从这片林子飞去那片林子，享受着储备的冬粮。

它们真是在享受自己储备的冬粮吗？其实不是那样的。每一只星鸦吃的，都不是自己储备的松子，而是它们同族的。它们每

到一处新林子，就会搜寻其他星鸦储藏的松子。每发现一处洞，就会翻个遍。

藏在树洞里的松子自然容易寻找。如果把松子藏到树根底下或者灌木丛中，在大冬天就很难找得到！冬天，虽然大雪将地面全都覆盖了，但星鸦挖开下面的积雪，总能准确无误地找到同族埋藏的松子。面对成千棵乔木和灌木，它们是如何确定哪一棵树下藏着松子？又是依靠什么标记找到的？

对于这一点，我们还不清楚。

我们需要做一些巧妙的实验，来搞清楚星鸦究竟是通过什么办法，在皑皑的积雪下面，轻而易举地发现其他星鸦储藏的松子。

无助的小白兔

树上的叶子全都脱落了，林子里变得空荡荡的。

一只小白兔趴在灌木底下，把身子紧伏在地面，唯有两只小眼睛在那儿东瞅西瞅。它心里特别害怕。四周总是发出窸窣的声响……会是老鹰在枝叶间拍打翅膀吗？还是狐狸的脚爪踩得枯叶沙沙作响呢？这只小兔的毛正在渐趋变白，全身点缀的都是斑点。它在期待第一场雪的来临呢！周围是那般的明亮，林子里显得五颜六色，地面上随处都是黄色、红色和棕色的枯落叶。

倘若突然冒出个猎人该如何是好呢？

爬起身来就逃窜吗？往什么地方逃呢？枯叶像铁片似的踩在脚下沙沙作响。哪怕是自己的脚步声也能把自己吓坏呀！

小白兔只好藏在灌木丛下，把身子埋在青苔里，紧挨在一个白桦树墩上，趴在那儿，连粗气也不敢呼，更不敢乱动，只是两只眼睛东瞧瞧，西瞧瞧。

真是太恐惧啦……

女妖的笤帚（tiáo zhǒu）

这时候，林子里全是赤裸裸的，在树上能看到夏天不曾见到的东西。瞧，远处的那棵白桦树上，似乎堆满了秃鼻乌鸦的鸟巢。但是走上前去看看，哪是什么鸟巢呀，而是一束束向四周生长的、黑黑的细长树枝。人们管它叫“女妖的笤帚”。

你们知道那些关于女妖或者巫婆的童话故事吧！

巫婆坐着笤帚飞行在天上，一路都用笤帚抹去自己留下的痕迹。女妖把笤帚当马似的骑在身上，从烟囱里飞跑出来。不管是巫婆还是女妖，它们都离不开笤帚。因此，她们把药抹在几种不一样的树上，让它们的树枝，长出跟笤帚似的并不美观的细长树枝。

其实，这种说法并没有科学依据。那么从科学角度解释又是怎样的呢？

事情是这样的：原来这一束束笤帚似的细长树枝，是因为一种疾病引发的。树枝的这种疾病，是由一种特殊的扁虱①，或者特殊的菌类引发的。榛子树上都是这种又小又轻的扁虱，它们很轻易就被风吹走，吹得林子里到处都是。扁虱停落在一根树枝上，钻到它的嫩芽里，就居住了下来。这种芽是一根成形的嫩枝——长有嫩叶的胚茎。扁虱不去伤害它们，只吸取嫩芽的汁液。但是，由于芽被咬伤，或者沾染上分泌物，它们很快就得病了。当芽发育的时候，嫩枝就会向外扩展。

病芽长成一根根短小的嫩枝，嫩枝很快生出侧枝。扁虱的后代来到侧枝上，又使它们长出新侧枝。就这样，扩张似的分枝、再分枝。后来，就在只有一个芽的地方，长出一条怪模怪样的“女妖的笤帚”。

如果一个寄生菌的孢子钻进芽里，并且在那里生长发育，也会使芽变成这样。

有很多种林木容易被它们侵袭，像白桦树、赤杨、山毛榉②(jǔ)、千金榆、槭树、松树、云杉、冷杉和别的乔木、灌木，都有可能长出“女妖的笤帚”。

---

①扁虱，又名蜱虫、狗豆子，体型微小，专以吸食犬科动物血液为生，危害很大，通常寄生在草丛里。

②山毛榉，又名麻栎金刚、石灰木、矮栗树等，是温带阔叶落叶林的主要树种之一。

永恒的纪念碑

现在正是植树造林热火朝天的季节。

在这有着伟大意义的事业中，孩子们也不甘落后。他们把冬眠的小树苗轻轻地挖出来，又慢慢地移栽到新住处。春天，小树苗从梦呓中醒来，给人们带来愉悦的气息。每一个栽植小树苗的孩子，都在为自己立碑，立一座神奇的绿色纪念碑——一座永恒的活的纪念碑。

孩子们的想法特别棒。他们在花园、菜园以及校园里，建了一些活篱笆。活篱笆都是些灌木和小树，他们栽得密密麻麻的，不但可以挡住尘土和冬雪，还能引来很多鸟儿：它们将在这儿寻找一处安全的藏身之所。夏天，鹡鸰、知更鸟、黄莺和其他要好的鸣禽朋友，都会来到这儿安家落户，孵出小鸟来。它们还特别有善心，帮着我们主动保护花园和菜园，以防备其他青虫和昆虫的侵袭。它们还会时常给我们唱起美妙动听的歌儿。

夏天，少先队员们到克里木，经常会带来一种奇妙的烈娃树种子。春天，能用它造出不一般的活篱笆。这类活篱笆很善战，它不许人从那狭窄的隔段穿行。所以，必须在篱笆上挂张“勿用手碰!”的警示牌。烈娃树像刺猬似的戳人，像小猫似的用爪子抓人，像荨麻似的灼人。那么，究竟什么鸟会把这个凶悍的护卫者，当作自己的保护神呢?

候鸟迁徙之谜（二）

很方便：只要有翅膀，想飞到哪儿，就飞到哪儿！

天气变冷，饥荒来临了——那就赶紧拍打翅膀，向南飞，飞到暖和的地带去吧。

如果那边的天气也渐趋变冷——那就再飞走，飞到一个气候舒适、食物充足的地方去过冬。

事实上并不是这个样子！我们不明白，这里的朱雀为何一直飞去印度；西伯利亚的游隼为何飞过印度和几十个适宜过冬的热带地区，一直飞到澳大利亚去。

同样，我们这里的候鸟飞越山脉、海洋，长途跋涉，到遥远的地方去，并不只是因为简单的饥饿和寒冷。而是源于鸟类莫名的、复杂的、很难挣脱与抑制的内心冲动。但……

大伙儿都清楚，在远古时代，苏联大多地方都曾多次遭遇冰

河侵蚀。沉寂的、笨重的冰河向这里汹涌而来，将大面积平原全都淹没，后来持续了几百年才渐渐退去；后来又再次袭来，将所有的生物一扫而光。

鸟类凭借翅膀挽救了自己的生命。第一批离开的鸟儿，占领了冰河附近区域；第二批飞离的稍远一些；第三批飞得更远了，就好像我们玩跳背游戏一样。冰河一旦退去，被它赶走的鸟儿，就重新回到故乡。

离家乡近的，最早飞回来；离家乡稍远的，第二批回来；离家乡更远的，最后一批飞回来——这一次，跳背游戏的顺序颠倒过来了。这种游戏玩得极其漫长——得花几千年才能跳完一次！

也许，鸟类就是在这种漫长的时间空隙里，渐渐形成了一种习惯：秋天，天变冷时，就离开自己的窝巢；春天，天变暖和时，再飞回故乡。这种习惯，几乎渗入到骨髓里了，所以就一直保留了下来。因此，候鸟每年都要迁徙，从北方迁往南方。而在地球上没有冰河的地方，就不会出现大批的候鸟——这一点可以证实上面的猜想。

候鸟迁徙之谜（三）

秋天，并不是所有的鸟类都向南——向暖和的地方飞；也有一些鸟类飞向别处，甚至有向北——向更冷的地方飞去的。

由于我们这里的土地被大雪掩埋了，水也冻成了冰，一些鸟

类找不到食物吃，所以被迫迁离我们这里。大地一旦解冻，秃鼻乌鸦、椋鸟、云雀等就会立马飞回来！江河湖泊一旦解冻，鸥鸟和野鸭也会立马回来的。

绵鸭很难在甘达拉克沙禁猎区越冬，因为那里的白海，冬天会被一层厚厚的冰盖冻住。它们被迫向北飞行，因为再向北一点，就会有墨西哥暖流经过，海水整个冬天都不会结冰。

假如在冬天，你从莫斯科向北行走，快到乌克兰时，你就能看见秃鼻乌鸦、云雀和椋鸟。山雀、灰雀、黄雀之类的鸟儿，在我们这里被称作留鸟[①]。相比留鸟而言，秃鼻乌鸦、云雀和椋鸟也只是飞到稍远的地方去过冬。事实上，有很多留鸟并不是总待在一个地方，它们也时常迁徙。唯独城里居住的麻雀、寒鸦、鸽子和林中及田间的野鸡，一整年都只待在一个地方；其他的鸟类，有的迁徙到近处去过冬，有的迁徙得稍远一些去过冬。那如何判断什么鸟是真正的候鸟，什么鸟只是暂时迁徙的留鸟呢？

---

①留鸟和候鸟相对，是指长期生活在一个地域，不作季节性迁徙的鸟类。

我们就说朱雀吧！这种红颜色的金丝雀，我们就不能说它是迁徙的。黄鸟和它一样：灰雀飞去印度过冬，黄雀飞去非洲过冬。它们之所以成为候鸟，似乎和大多数候鸟的原因不同，它们并不是因为冰河的侵袭和退却，而是有其他原因。

你瞧瞧雌灰雀，看上去跟普通麻雀没什么分别，但是它的脑袋和胸部的羽毛非常红。更让人惊讶的是，黄鸟全身上下都是纯金色，一对黑色的翅膀。你不禁会猜想："这些鸟类穿戴这般华丽，在我们北方，它们是从别处搬迁过来的吧？它们是从遥远的热带地区迁徙来的吗？"

似乎真是这样。特别像是这样！黄雀是非洲鸟类中的典型代表，灰雀属于印度鸟。可能情况是这样的：它们居住的地方太拥挤，年轻的鸟儿被迫迁离，去别处寻找新的居住地繁衍后代。

于是，它们就向住处比较宽敞的北方飞去。夏天，北方的温度并不低，就是刚出生的雏鸟，也不会被冻着。当那里的天气变冷，也没有足够的食物吃时，它们就集体飞回去，回到暖和的故乡去。在故乡，这会儿雏鸟已经诞生了，一大家人幸福地生活在一起，它们绝不会狠心抛下自己的同胞！春天一到，它们又飞回北方去。就这样，经历了几千几万年的漫长岁月，飞去又飞来，飞来又飞去……

因此，那些鸟儿就形成了迁徙的习性：黄鸟途经地中海，向北飞到达欧洲；灰雀从印度起飞前往北方，飞越阿尔泰山来到西伯利亚，然后掉头向西飞，穿过乌拉尔继续向前飞。

有人认为，迁徙习性的形成，跟鸟类逐渐适应新的住处有关。我们就说灰雀吧，毫不夸张地说，近几十年来，我们是亲眼看着这种鸟逐渐向西迁徙的，一直迁徙到波罗的海岸边。冬天一到，它们仍然回到印度的故乡。

关于种种迁徙的设想，或多或少给我们透露一些信息。然而，迁徙的真正原因，还是一个未解之谜，尚待我们进一步调查与研究。

一只小杜鹃的简史

在列宁格勒市泽列诺高尔斯克附近的一处花园里，居住着一户红胸鸲（qú）的家庭。这只小杜鹃就出生在这户人家里。

你没必要知道，它为什么自己孤孤单单地生活在老云杉下的窝巢里。也无须打听，这只小杜鹃给善良的养父母制造了多少麻烦，让它们如何地牵挂与不安。它们费了好大劲，才把这只大它们三倍的馋嘴干儿子养大。

一天，花园的管理员捉出长了羽毛的小杜鹃，认真打量了一番，然后就放回了窝里。这可把红胸鸲夫妻俩吓坏了。随着时间一天天过去，小杜鹃左侧的翅膀上，长出了一些白色的小羽毛。

红胸鸲夫妇总算把小杜鹃喂大了。小杜鹃虽然离开了巢，但每次看到养父母，还是张着大嘴巴，不停地要食物吃。

10月初，园里多数林木都落光了叶子，唯独一棵橡树和两

棵老槭树，还穿着色彩鲜艳的衣裳。现在，小杜鹃早已不见了踪影。而那些大杜鹃，一个月前就从林子里搬走了。

这一年，小杜鹃和别的杜鹃一样，在南非度过了冬天。南非也是小杜鹃的出生地。

不久之前，花园管理员看到一只雌杜鹃，停在一棵老云杉上。由于担心它会破坏红胸鸲的巢，就把它打死了。

我们发现，在这只杜鹃的翅膀上，长着一个很清晰的白色斑点。

候鸟迁徙之谜（四）

关于候鸟为什么迁徙，我们猜想的也许有一定的道理，但下面的问题又该如何解释呢？

秋天，候鸟迁徙的路途，长达几千千米。那么，它们是如何辨别这条路线的呢？

人们一直认为，在每一个迁徙的鸟群里，至少都会有一只老鸟带队，沿着它们熟识的线路，从筑巢的地方向过冬地进发。但是，今年夏天在这里出生的鸟群，甚至没有一只老鸟。有的鸟类，年轻的比年长的先离开；有的鸟类，年长的比年轻的先离开。但不管怎样，年轻鸟儿都能安全抵达过冬地。

这真是太奇怪了。老鸟虽能将这几千千米的路途牢记在心，那么，几个月大的雏鸟又是如何辨别路线的呢？这还真让人捉摸

不透呢！

就说我们这儿的那只小杜鹃吧！它是如何找到杜鹃在南非的越冬地的呢？年长的杜鹃，差不多都比它早走一个月，没有谁可以为它指引方向。杜鹃性情向来孤僻，不喜欢成群结队，甚至在迁徙时，都是独自飞行。

小杜鹃是红胸鸲带大的，而红胸鸲的过冬地在高加索。既然这样，小杜鹃是如何飞到祖祖辈辈越冬的南非呢？而后，又是如何回到出生地——那个红胸鸲窝巢的呢？

刚成年的鸟如何能知道，它们应该迁往何处过冬呢？

亲爱的朋友，这就需要你们认真研究一下了。或许，孩子们更愿意探索这个秘密呢！

要找出这个问题的答案，首先要抛弃诸如“本能”之类晦涩难懂的词汇。我们需要通过成千上万个有效的实验，才能将这个秘密完全搞清楚：鸟类和人类在智慧上究竟有何区别？

给风打分数

分　数　　7

风的名字　　疾风

时速和秒速　秒速 =13.9~17.1 米；

时速 =50~61 千米。

风的威力　　顶着风走挺费劲儿；轻度浪花，水浪上的泡沫向四处飞溅。

分　数　　8

风的名字　　大风

时速和秒速　秒速 =17.2~20.7 米；

时速 =62~74 千米。

风的威力　　刮断小树枝；顶着风走特别困难。中度浪花，渔船停泊在海港不出航。

分　数　　9

风的名字　　烈风

时速和秒速　秒速 =20.8~24.4 米；

时速 =75~88 千米。

风的威力　　建筑物有轻度损坏，屋顶瓦片可能有被刮掉。

分　数　　10

风的名字　　狂风

时速和秒速　秒速 =24.5~28.4 米；

时速 =89~102 千米。

风的威力 摧毁性特别大。

分　数 11

风的名字 暴风

时速和秒速 秒速 =28.5~32.6 米；

时速 =103~117 千米。

风的威力 破坏性极大。

分　数 12

风的名字 飓风

时速和秒速 秒速 =32.7~36.9 米；

时速 =118~133 千米。

风的威力 破坏性极大。

我们运气还不错，在我国，暴风和飓风几乎很少发生——相隔多年也许才有一次。

农场生活

拖拉机已经不在地里劳作了。集体农庄里，给亚麻分类的事情也即将收场，最后几批货车装着亚麻，向车站驶去了。

庄员们正聚在一起思考来年收成的问题。特别选种站专门培植了黑麦和小麦的优质品种，供给全国各个农庄使用，庄员们正为这些麦子操心呢！庄稼地里的农活相对少了，家里的活儿反倒增加了起来。他们现在都把心思放在了家畜身上。牛羊被关到了畜栏里，马也被关到了马棚里。

田野显得空荡荡的。成群结队的灰山鹑，也跑到了村庄附近。它们喜欢在粮仓周围过夜，有时还潜入村子里偷食东西。

捕猎山鹑的时节结束了。庄员们开始到林子去打野兔了。

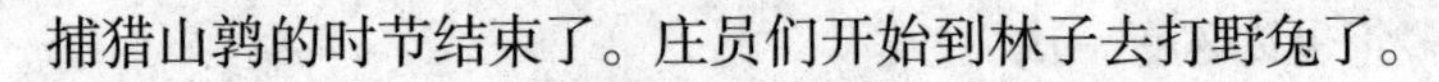

为鸡照明

胜利集体农庄的养鸡场，电灯一直在开着。

因为，白天变得越来越短，为了延长家禽的散步时间和吃食时间，庄员们只好开灯为鸡场照明。

一打开电灯，可把鸡给乐坏了。它们纷纷跳进炉灰里洗浴去

了。一只特别爱搞恶作剧的公鸡，正歪斜着小脑袋瞧那电灯泡，好像在说：“咯！咯！喔，倘若你再挂低些，我准能狠狠地啄你一口！”

干草末儿

在所有饲料中最有营养的调味品当属干草末儿了，它是用品质最优良的干草做成的。

还在吃奶的小猪们，假如你们想快快长大，那就赶快去吃干草末儿吧！下蛋的母鸡们，假如你们每天都想下蛋，想“咯咯哒！咯咯哒！”地炫耀自己，也赶快去吃干草末儿吧！

庄员们正为修剪苹果树忙碌着。一棵棵苹果树在他们的精心修剪下，显得井井有条。除了胸前用苔藓做成的灰绿色佩饰外，再也看不到任何东西了。庄员们把佩饰摘了下来，清除了躲藏在里面的全部害虫。为了防治虫害，他们在苹果树的树枝上，涂满了石灰。这样，夏天太阳也不会晒伤它，冬天严寒也不会冻伤它。这时，穿上白衣裳的苹果树，显得格外的素雅、美丽。怪不得服务队长半开玩笑地说道：

“我们是有意在节日前为苹果树装扮一番的，因为我要带着这些素雅、端庄而又美丽的苹果树外出去展示呢！”

百岁老人采蘑菇

在黎明集体农庄里，生活着一位名叫阿库丽娜的百岁老婆婆。

我们《森林报》特派记者去采访她时，刚巧她不在家。老婆婆到林子里采蘑菇去了。她回来时，背了满满一口袋洋口蘑。她说：“那些单个儿生长的

蘑菇，都藏得不见踪影儿。那种蘑菇，我老眼昏花，是很难找到的！我采的这些蘑菇，只要看见一个，就能发现成百上千，甚至成片的蘑菇。我特别喜爱这种蘑菇，它叫洋口蘑。它们还有一个特别的习性，就是一个劲儿地往树墩上爬，以便让自己更引人注目。这种蘑菇正适合我们老人采摘！”

冬播

在劳动者集体农庄，工作队正忙着种植莴苣、葱、胡萝卜、香芹等蔬菜。种子被埋在冷冰冰的土壤里，如果正如队长的孙女所言，它对这件事是非常生气的。队长的孙女执意说，她还听到种子在不停地抱怨呢：

“不论你们种不种，既然天气这么冻人，我们就是不发芽！你们想发芽，就自个儿去发吧！”

原来，队员们这么晚才种这批种子，就是因为它们在秋天不能发芽的缘故。

但是，春天一到，它们很快就会冒出芽来，就能早早地成熟起来。能够提早地收获到莴苣、葱、胡萝卜和香芹等新鲜蔬菜，可真是一件高兴的事儿。

尼·巴甫洛娃

村庄的植树周

在全国各地，已经拉开了植树周的序幕。

苗圃里培植了各类小幼苗。在各地农庄里，几千公顷的新果园和新浆果园正在开辟中。庄员和工人们，也将把几百万棵苹果树、梨树等级其他果树，种到院子附近的空地上。

列宁格勒塔斯社

动物园

各种鸟兽都从夏天的露营场所，搬迁到了冬天的住房里。管理员在笼子里燃起了火，把它们烤得暖和极了。所以，它们现在都没想着要去冬眠。

动物园的鸟儿不用跑出笼子。一天之内，就会被人们从寒冷的地方转移到温暖的地方。

神秘的“飞机”

最近，总会有不少神秘的小飞机盘旋在城市的上空。

人们常常停下脚步，好奇地张望着它们在空中盘旋。他们相互问道：

“瞧见了吗……”

“瞧见了，瞧见了。”

“真怪了，为什们听不到螺旋桨的声音？”

“可能是由于飞得太高吧？您瞧，它们显得那么小！”

“即便是飞得很低，也听不到螺旋桨的声音。”

“为什么？”

“因为它们本来就没有螺旋桨。”

“怎么会没有呢？莫非是一种新型飞机？什么类型的？”

“雕！”

“您不是在说笑吧？列宁格勒是没有雕的！”

“有的。这是一种金雕[1]。它们正忙着向南方迁徙呢。”

“原来是这样呀！”

“看清楚了，是鸟在空中飞旋，不是飞机。”

“假如您不告诉我，我还真以为是飞机呢。真是像极了！”

野鸭大观园

最近几个星期，常有很多外形怪异、色彩多样的野鸭，出现

---

①金雕是一种大型猛禽，外观突出，善于飞行，常生活于多山和丘陵地带，以捕食大型鸟类和兽类为主。

在涅瓦河上的中尉桥和洛夫斯克周围。

有黑色的鸥海番鸭，有嘴巴弯曲、翅膀上长着斑点的海番鸭，有尾巴像木棒似的混色长尾鸭，也有黑白搭配的鹊鸭。

对于城市里的喧嚷声，它们一点儿都不畏惧。

哪怕是黑色的蒸汽轮船顶着风浪，向它们猛冲过去，它们也一点儿不胆怯。它们随时潜入水里，然后又从几十米外的水域跃出来。

这些潜水鸭，都是沿着海上航线迁徙的。它们每年来列宁格勒拜访两次：春天一次，秋天一次。

当涅瓦河上出现来自拉多牙湖的冰块时，就到了这些野鸭离开的时候了。

鳗鱼①的最后一次旅行

秋天到了，大地万物都成了秋的世界。

河水渐渐变得冰凉。

老鳗鱼开始了最后一次长途迁徙。

它们从涅瓦河出发，途经芬兰湾、波罗的海和北海，最终来到大西洋。

虽然它们一直都生活在河里，但最终没有一条会回到河里。

---

①鳗鱼，又名白鳝、白鳗、河鳗等，外形似蛇，无鳞，有洄游特性，多生活于热带和温带海域。

它们最终葬身在几千米深的海洋里。

但是，它们在结束自己一生的时候，总要把卵产下，留下自己的后代。在大洋的深处，其实并不是那么冷：深水层的水温有7摄氏度上下。不用多久，鳗鱼的卵就会孵出小鳗鱼。小鳗鱼身子跟玻璃似的透明。几十亿只小鳗鱼开始进行漫长的迁徙，三年之后，它们才重新游到涅瓦河口处。

它们将一直生活在涅瓦河中，慢慢地、慢慢地长成大鳗鱼。

秋猎

秋天，在一个清新的早上，一个猎人扛着枪到野外狩猎。他带的两条猎狗，胸脯特别宽，长得也非常壮实，灰黑的毛发点缀着棕黄色的斑点。

他来到林子边缘，放开猎狗，任由它们到林子里搜寻。这两只猎狗像重获自由似的，高兴地向灌木丛中奔去。

猎人静静地沿着林子边缘前行。不久，他找到了一条小路，这条小路是野兽们常走的。

他沿着小路走到灌木丛中，那里有一条隐约可见的林间小道，从林子里一直延伸到下面的小山谷。

他还没顾得上站稳身子，猎狗已经发现了野兽的踪迹。

老猎狗多贝华依沉闷而又沙哑地叫唤着。

年纪轻轻的扎利华依紧随其后，也跟着“汪汪”地叫了起来。

猎人一听就知道，准是它们搅醒了兔子，把它从灌木丛中赶了出来。

秋天的林地上，到处都是被雨水淋透的淤泥，黑漆漆的一片。猎狗正用灵敏的鼻子在烂泥地上，一边嗅着兔子的踪迹，一边向前奔跑。

因为兔子老在周围绕圈子，猎狗也时而靠近猎人，时而又远离猎人。

咳，笨蛋！兔子不就在那边嘛！不远处的山谷里，兔子棕红色的皮毛在阳光下忽闪忽现的！

猎人错失了这次机会……

看，那两条猎狗！多贝华依跑在前头，扎利华依耷拉着舌头跟在后面。它们紧跟在兔子屁股后面，在山谷中蹿来蹿去。

哎，不碍事的，它们还会把兔子赶回林子里来的。多贝华依是一条追上猎物就绝不会懈怠的猎狗——它一旦找到野兽的踪

迹，就不会轻易放过，也不会白白错失良机。它是一只特别有经验的老猎狗！

又蹿过去了，又蹿过来了。它们兜着圈子来回奔跑，这不，又回到林子里来了。

猎人在那儿寻思着：“反正兔子还要经过这条小路的。这次我绝不能再错失机会了！”

沉寂了一会……后来……咦！怪了，什么情况呀？

两条猎狗怎么一只在东头，一只跑到西头叫呢？

这时，领头的老猎狗索性不叫了。

唯独扎利华依还在那儿傻傻地叫着。

不一会儿，老猎狗多贝华依也叫了起来。但是这一次声音不同于刚才，听上去更猛烈，而且带些沙哑。扎利华依扯着嗓子，像断气似的叫唤着。

它们又发现了一只野兽的踪迹！

会是哪种野兽呢？肯定不是兔子啦！

估计是红色的……

猎人迅速将最大型号的霰弹装上了猎枪。

一只兔子蹿过小路，向田野里奔去。

猎人看到了，不过并没有开枪。

两只猎狗渐渐逼近猎物。一只叫声嘶哑，一只叫声充满着愤怒……忽然，一只红脊背、白胸脯的东西，跑到小路上来了，恰巧穿过刚才那只兔子经过的地方……一股脑儿地向猎人这边奔来。

猎人已经端起了枪。

野兽发现了危险，将蓬松的尾巴一甩，正要逃离时，已经晚了！

砰——，随着一声枪响，狐狸跃到了半空后，就重重地坠落到地上。

两只猎狗奔出林子，径直向狐狸猛扑上去。它们使劲儿地撕扯着狐狸火红色的皮毛，皮毛眼看就要快被撕破了！

“放下！”猎人一边命令猎狗，一边跑过去从它们嘴里抢下猎物。

地道战

在距离我们农庄不远的林子里，有一个很有名的獾洞。这个洞自古以来就有。它虽然被称作“洞”，其实并不是什么洞，而是一座被獾的祖祖辈辈纵横挖通的山岗。这座宫殿式的山岗是獾最健全的地下交通网。

塞索伊奇带着我去勘察了那个洞。我仔仔细细地将山岗上下查看了一番，认真地数了数，总共有六十三个洞口。还有一些看不到的洞口，隐藏在山岗脚下的灌木丛里。

这个洞府一眼看上去就知道，居住在这个宽敞又隐秘住宅里的，不可能只是獾：在几个洞口处，都能看到成堆的甲虫在蠕

动——有埋葬虫、推粪虫和食尸虫。这里散落着很多家鸡、山鸡和松鸡的骨头，还有兔子的长脊椎骨。甲虫一直在这些骨头上忙活着。獾才不屑于做那样的事情！它不偷吃鸡，也不捉兔子吃。而且獾特别爱干净，从不把食物残渣或其他脏物随意丢弃在洞口。

这些遗留的骨头向我们说明：还有一个狐狸家庭生活在这里，它们是獾的近邻，就住在山岗的地底下。

一些洞被挖坏了，变成了壕沟。

塞索伊奇说："我们这里的猎人曾费好大劲儿，想抓住洞里的狐狸和獾，不过只是徒劳罢了。谁晓得狐狸和獾躲在地下的哪块地方。你在这里，不论如何去挖，也始终挖不出来。"

他安静了一会儿，继续说道：

"现在让我们来尝试一下，看能不能用烟把它们熏出来？"

第二天清早，我和塞索伊奇，还有一个小伙子，就向山岗奔去。在途中，塞索伊奇老是取笑他，一会儿称呼他为烧炉工人，一会儿又称呼他为伙夫。

我们仨忙活了很长一阵，才将山岗下所有的洞口封住，只有山岗上下两个洞口还留着。我们找来很多枯树枝，堆在下面那个洞口处。这些树枝都是些杜松枝和云杉枝。

我和塞索伊奇，在山上的那个洞口旁，藏在小灌木背后。烧炉工人负责在下面洞口烧火。在火燃旺时，他又添了很多云杉树枝。刺鼻的浓烟从火堆里直往上冒。不一会儿，浓烟就向洞里蹿

去了。

我和塞索伊奇埋伏在周围，焦急地等待着烟从洞里冒出来。聪明的狐狸说不定会早点从洞里逃出来吧？或者，有一只笨重慵懒的胖獾子从里面滚出来？它们可能在洞底，已经被浓烟熏瞎了眼？

不过，洞内的野兽可真能忍受得住！

浓烟已经跑到塞索伊奇旁的灌木丛来了，也向我这边蹿过来了。

不需要再等多久：野兽们就会打着喷嚏从洞里蹿出来。我敢保证一定有几只，一只紧跟着一只蹿出来呢！我们已经把猎枪扛在肩上——可不能放跑行动迅速的狐狸呀！

烟渐渐变得浓烈。这会儿是一团团的，直向外冒，冲到灌木丛这边来了，把我眼睛熏得睁不开，眼泪都流出来了。可能在眨眼、抹泪之间，野兽就会立马逃掉！

不过野兽一直没有从洞里出来。

手一直托着枪，感觉挺累，我就把它放下了。

我们一直在洞外苦等着。烧炉工人扔在往火里添柴，可野兽一只也没有被熏出来。

“你说洞里的野兽会被烟熏死吗？”在回家的途中，塞索伊奇说，“不可能，老弟，它们不可能被熏死！因为烟在洞内是往上冒的，而它们是往地下跑的。谁晓得它们的洞究竟有多深呀！”

这次行动失败了，塞索伊奇很不开心。为了让他尽快好起

来，我给他讲起了皂缇（tí）和狐绠（gěng）两条猎狗的故事。这两种猎狗特别勇猛，可以钻进洞里去捉獾和狐狸。塞索伊奇一听，突然变得兴奋起来。他央求我，不管怎样，都要帮他找来一只那样的猎狗！

没办法，我只好应许帮他想想办法。

这事儿过去没多久，我就去了列宁格勒。没想到我还真走运：一位相识的猎人，答应借给我一只他心爱的皂缇。

我回到村子，就把带来的这只猎狗交给了塞索伊奇。他看到后，竟很生气地对我说道：

“你怎么搞的？想开我的玩笑是吗？这只小老鼠，你让它怎么对付凶悍的狐狸，不说大狐狸，就是小狐狸也能吃了它！”

塞索伊奇个头很矮，为此他对自己很不满意；而且他也看不起其他个头矮小的，甚至瞧不起矮个子猎狗。

皂缇的外形确实有点滑稽：个头矮小，细长的身子，四条腿弯曲得跟脱了节似的。不过在塞索伊奇向它伸手时，这只野蛮的小猎狗，竟咬牙切齿、狂叫着向他猛扑上去。塞索伊奇急忙向一侧躲闪，说：“好家伙！还真够凶悍的！”然后就沉默了。

我和塞索伊奇刚走近山岗，小猎狗就发疯似的向野兽的洞里冲去，险些将我的手拉脱节。我刚解掉它脖子上的皮带，它就一股脑儿地钻进洞里去了。

人类为满足自己的需求，培育出一些怪异的猎狗品种。也许这只个头矮小的地下猎狗皂缇就是怪异的一种吧。它全身跟貂一

般细长、瘦小，特别擅长钻洞：弯脚爪既能挖泥土，也能用力顶住泥土；狭长的嘴巴一旦咬住猎物，就死活不肯放手。我站在洞外焦急地等待着，心里寻思着：在漆黑的洞底，这只训练有素的猎狗与林中猛兽浴血奋战，不知结局如何。我刚想到这里，心底就开始担忧起来。倘若小猎狗不能从洞里出来，我有何脸面去见那位爱狗的主人呢？

小猎狗正在地下追捕猎物。尽管有一层厚厚的泥土覆盖着，但我们还是听到了猎狗响亮的吠声。那声音似乎不是从地底下传出的，而是从很远的地方传来的。

但是，声音渐渐逼近，变得越来越清晰。那狗叫声跟发了狂似的变得嘶哑了。越来越近了……但是，突然又远去了。

我们在山岗上站着，手中紧握着派不上用场的猎枪，握得手指都酸痛了。狗叫声时而从第一个洞口传出，时而从第二个、第三个传出来。

突然，叫声一下子终止了。

我懂这意思：小猎狗在漆黑的洞里，肯定是追上了野兽，正和它拼命厮杀呢！

这时我突然想到，在小猎狗进洞以前，我们应该考虑着带上铁锹，在猎狗与野兽交战时，把它们上面的泥土挖掉，以便在猎狗失利时帮它一把。在它们距离地面一米左右的地方打斗时，可以采取这种办法。不过，这个深不见底的洞，即便用烟熏都不能把它们赶出来，还怎么帮助猎狗呢？

我该如何是好呢？小猎狗可能已经战死在洞内了。在洞里，它可能要同时应对好几只凶悍的猛兽呢！

突然，一阵沉闷的狗叫声又传了出来。

但是，我们正要欢喜时，声音又消失了。这次可完了！小猎狗牺牲了。我和塞索伊奇，久久地立在这只勇敢的小猎狗“坟”前。

我不忍心就这样离开。塞索伊奇说话了：

“是呀，老弟，我们干了一件犯糊涂的事儿！看样子小猎狗碰到了强敌——老狐狸或者獾子。”

塞索伊奇犹豫了一下，又继续说道：

“还好吧？我们走吧！要不，再待一会儿。”

令人意想不到的是，从洞里又传出了一阵窸窣的声响。

一条黑色的尖尾巴从洞里冒了出来，接着是两条弯扭的后腿和细长的身子，那身子沾满了污泥和血迹。看样子鬼缇在很吃力地往外移动。我开心极了，赶忙跑过去，抱住它的身子，把它往外面拉。

一只胖乎乎的獾子，被小猎狗从洞里拖了出来。它一动也不动，看来早已断了气。它使劲儿地咬住猎物的脖子，凶悍地甩动着，一直不肯放下，似乎担心它又会活过来似的。

本报特约通讯员寄

打靶场

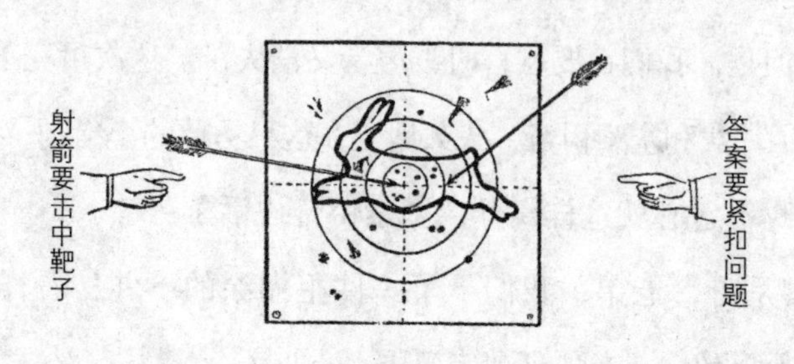

第八次竞赛

1. 奔跑的兔子，上山速度快，还是下山速度快？

2. 林木落叶时，我们能知道鸟的什么秘密？

3. 林中哪种动物在树上给自己晾晒蘑菇？

4. 哪种动物夏天在水里住，冬天在地底住？

5. 鸟类会不会为自己采集、储藏冬粮？

6. 蚂蚁是如何为过冬做准备的？

7. 鸟骨头里面有什么东西？

8. 秋天，猎人外出打猎，最好穿什么颜色的衣服？

9. 鸟儿何时受伤危险性相对较小——是夏天，还是秋天？

10. 右侧那幅图，画的是哪种动物吓人的脑袋？

11. 将蜘蛛称作昆虫可以吗？

12. 冬天，青蛙都躲藏在哪里？

13. 右面分别画着三种不同鸟类的脚爪：一种居住在树上，一种居住在地上，还有一只总居住在水上。请辨认出每一种脚爪分别属于哪一种鸟？

14. 哪种动物的脚掌是向外反拐的？

15. 右侧是林中耳鸮的脑袋，请用铅笔指出它的耳朵在哪儿？

16. 一直往下坠，往下坠，一坠坠到水面上；自己不沉，水也不浑。（谜语）

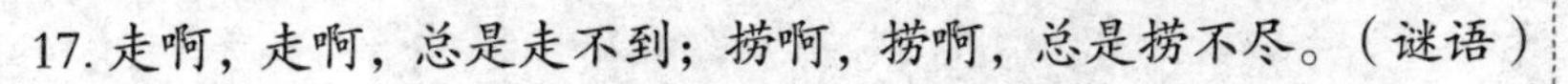

17. 走啊，走啊，总是走不到；捞啊，捞啊，总是捞不尽。（谜语）

18. 有一种草，生长一年就比院墙高。（谜语）

19. 不论你跑多少年，你也跑不到；不论你飞多少年，你也飞不到。（谜语）

20. 乌鸦生活三年之后，结果会怎样？

21. 在水中洗了半天澡，而身上依然很干燥。（谜语）

22. 我们只穿它的“肉”，丢掉它的“脑袋”。（谜语）

23. 不是国王，却头戴王冠；不是骑士，却脚长踢马刺；大早起来，不准别人睡觉。（谜语）

24. 有尾巴但不是野兽，有“羽毛”但不是飞禽。（谜语）

神眼称号竞赛

第七次测验题

这是谁干的事？

甲：哪种动物曾来这里采摘过云杉球果，还把它们随意丢弃在地上？

乙：哪种动物在树墩上把球果吃了，只留下一个果核儿。

丙：哪种动物在林中榛子上凿了一个洞，把里面的果仁儿给吃掉了？

丁：哪种动物把蘑菇运到树上，挂在树枝上晾晒？

在这棵老白桦树上，凿有一些同样的小洞，绕着树干一圈。这是哪种动物做的？为什么要这

么做？

哪种动物给牛蒡（bàng）加工过？

在漆黑的树林中，哪种动物的大脚爪将树干抓破了，把撕掉的云杉树皮留给自己用？它把这些树皮用来做什么？

哪种动物曾在这里破坏过——将这么多林木的树皮啃掉，将这么多林木的树枝咬断？

人人都能够

要想重新找回在田间被啮齿动物偷去的粮食，只要掌握如何找寻和挖掘田鼠洞就可以了。

在这一期《森林报》上我们已经介绍过了——这些有害的小兽，在我们田间偷走大批优质的谷粒，把它们运到自己的小仓库去了。

请不要打扰我们

我们给自己准备了适宜冬季居住的温暖住宅，计划一直睡到来年春天。我们不去打搅、冒犯你们。请你们也让我们睡个安稳觉吧！

——熊、獾、蝙蝠

No.3

冬客临门月

（秋季第三月）

从 11 月 21 日到 12 月 20 日　　太阳进入人马宫

11月，半边秋来半边冬。如果说11月是9月的孙子，那么它就是10月的儿子，12月的亲生兄长。11月在整片大地上布满了钉子；12月在整片大地上筑满了桥。11月驾着骏马出游：地面上一条泥道、一条雪道，一条雪道、一条泥道。11月的钢铁工厂尽管不大，但铸造的坚固锁链却足够全苏联用的：水塘和湖沼全都被冰封了。

秋天要完成三件任务：将林木仅剩的那点衣裳脱掉，把水冰封起来，用积雪把地面覆盖起来。林子里感觉挺不舒服的：林木黑漆漆、光溜溜的，浑身都被雨水淋透了。河面上的冰闪闪发亮，如果上去踩上一脚，它就会喀嚓一声响，立马破裂开来，准让你坠入冰凉的河水中。所有的耕田都被积雪掩埋了，这时它们已经停止了生长。

但这还不是冬天，只是冬天的序曲。几个阴沉的日子过后，太阳又会重新出现。所有的生物再次看到太阳时，该是多么的开心呀！瞧，这边从树根底下跑出一些黑蚊虫，向空中飞去；那边地上又新绽放了很多金黄色的蒲公英和款冬花，它们全都是在春天开放的花朵呢！积雪融化了……不过这时树木已经冬眠了，要一直睡到明年春天呢！

这时，伐木的季节到来了。

回光返照

今天，我把积雪挖开，察看了一下一年生植物。它们是一种只能存活一年的小草。

不过，今年秋天我偶然发现，它们并没有全都枯死。虽然到了11月，但很多植物都还绿意浓浓呢！雀稗[1]（bài）依然还活着，这种草通常生长在乡村的房屋前。它们的小茎交错地铺展在地面，叶子长得又细又长，粉红色的小花一点儿都不显眼。

低矮、刺人的荨麻也还活着。夏天的时候，人们特别厌恶它：你在田里除草时，它会将你的双手戳出水泡来。不过在11月里，能看到它，你会非常开心。

蓝堇（jǐn）也还活着。你还能想起蓝堇来吗？它是一种非常漂亮的小植物，叶子向两侧微微分开，粉红色的小花又细又长，小花顶端的颜色特别深。在菜园子里，你可以经常遇见它们。

这些一年生植物，都还健康地活着。但我清楚，春天一到，它们就会全都死掉的。那么，它们为何在雪底下生活呢？这种现象如何解释呢？我还真的不清楚，还得去四处询问。

尼·巴甫洛娃

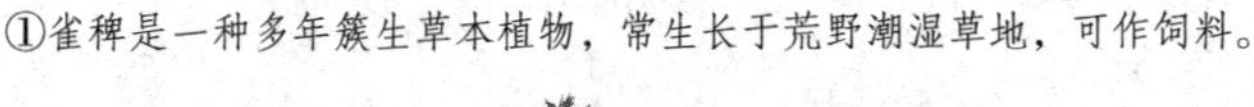
①雀稗是一种多年簇生草本植物，常生长于荒野潮湿草地，可作饲料。

冬客临门了

寒风在林子里到处肆虐。白桦、白杨和赤杨都赤裸裸地在风中左右摇晃，发出沙沙的声响。最后一批候鸟正在忙着迁往越冬地。

生活在这里的夏鸟还没走完，冬客就已来到了门前。

鸟儿各自有着不同的生活习性：一些把过冬地选在了高加索、外高加索、意大利、埃及和印度；一些干脆就留在列宁格勒过冬。冬天，它们在这里，可以生活的很温暖，而且不会饿肚子。

神秘的飞花

生长在沼泽地的赤杨，耷拉着黑树枝，看上去十分悲凉！枝上一片叶子也没有，地面也是荒凉一片，没有一丝绿意。太阳懒洋洋地挂在天上，也难得从乌云后面探出脑袋。

突然，很多色彩斑斓的花儿，从沼泽地上快活地飞舞起来。这些花儿个头特别大，颜色多种多样，有白色的，有红色的，有绿色的，也有金黄色的。它们有的飘落到赤杨树枝上，有的黏结在白桦树的树皮上，闪耀着光彩；有的飘落到地面，有的飘舞在空中，挥动着亮丽的小翅膀。

它们借助芦笛一样的声音相互附和着，从地面来到树枝上，

从一棵树飞到另一棵树，从一片林子飘到另一片林子。它们是什么东西呢？又是从什么地方冒出来的呢？

北方来客

它们都是这儿的冬客，是从遥远的北方迁徙来的小飞禽。有红脑袋的朱顶雀，胸脯也是红的；有灰色的太平鸟，翅膀上点缀着五道红花纹，脑袋上还长着一撮冠毛；有红松雀、绿雌交嘴鸟和红雄交嘴鸟。这里还栖息着金绿色的黄雀，毛色金黄的小金翅雀，漂亮的红胸脯小灰雀。我们当地的黄雀、金翅鸟和灰雀，都迁往南方暖和的地方过冬去了。前面介绍的这些鸟儿，全都是在北方安家落户的。在非常寒冷的北方，它们倒觉得这里相对还温暖呢！

黄雀和朱顶雀以赤杨种子和白桦种子为食；太平鸟和灰山雀以山梨和其他浆果为食；交嘴鸟则以松子和云杉子为食。它们都把肚子吃得鼓鼓的！

东方来客

在低矮的柳树上，突然绽放了很多美丽的白玫瑰花。它们在灌木丛中飘来飘去，在枝叶上跳来跳去，用细长的黑尖爪，东抓抓，西扒扒。白色的小翅膀像花瓣似的，在半空中若隐若现。它们还发出轻盈的、婉转的啼叫声。

它们不是花，是山雀，一种白色的山雀。

它们不是来自北方，而是来自暴风雪肆虐的东方——西伯利亚。它们冒着生命危险，飞越山峰密布的乌拉尔，才来到我们这里。那里早已是千里冰封，万里雪飘，大地上的一切全都被皑皑白雪覆盖着。

雪天世界

密布的乌云把太阳包裹得严严实实的。不一会儿，天上飘下了湿淋淋的灰色雪花。

一只胖乎乎的獾子，很生气地嘟囔着，一瘸一拐地向洞府走去。它心情特别坏：林子里都是泥巴，而且湿漉漉的。还是回到洞里吧，回到暖和而又干净的沙土洞里去吧。这正是趴在窝里睡大觉的好时候。

林子里的噪鸦，正在和别的鸟儿争斗呢。它们的羽毛也被淋透了，闪耀着咖啡色的光彩。它们正扯着嗓子在树上嘶叫着。

突然，一只老乌鸦在树顶尖叫了一声。原来，它发现远处躺着一具死尸，就拍打着翅膀，向那边飞了过去。

林子里一片死寂。灰雪花飘落在大地上，飘落在发黑的林木上。枯叶在地上慢慢被腐蚀。

雪下得越来越大。这会儿变成了鹅毛般的大雪，大雪将黑树枝全都覆盖了，将整个大地也都覆盖了……

我们这里的河流——伏尔霍夫河、斯维尔河和涅瓦河，在遭受酷寒的侵袭后，陆续都被冰冻了起来。后来，芬兰湾也被冰封了。

最后的飞行

在 11 月即将结束的几天，天气突然变得温暖起来。不过，积雪还没有全部融化。

早上，我外出游玩，看到雪地上，有一种黑色的小蚊虫在四处飞舞。它们显得无精打采，也不知是从何处飞来的，像被风吹

着似的，在空中兜了半圈，然后就坠落到了雪地上。

下午时分，积雪开始慢慢融化，树上的积雪也落下来。你若抬起头稍不留神，雪水就会滴落到你眼睛里，或者是一团积雪，撒落在你脸上。这时，不知从哪里飞来成群的小蝇子，全都是黑色的。在夏天的时候，我从未碰到过这类蚊蝇。小蝇子欢欢喜喜地飞舞着，而且飞得特别低，几乎要贴到雪地上了。

黄昏的时候，天变冷了，成群的蚊蝇不知躲到哪儿去了，全都不见了踪影。

森林通讯员 维拉卡

貂与松鼠

有很多小松鼠迁徙到我们这边的林子里来了。

它们原来生活在北方，因为家乡正在遭遇饥荒，所以就搬到这里。

松鼠各自蹲坐在松树上，后爪牢牢抓紧树枝，前爪抱着球果吃。

一只球果，不小心滑落到了雪地上。松鼠不忍心浪费掉，就气呼呼地嚷着，从一根树枝跳到另一根树枝上，最后跳到了雪地上。

它在雪地上蹦蹦跳跳着，一直向球果掉落的地方奔去。

突然它发现，从一堆枯树枝里，露出一团黑毛皮和两只小

眼睛……小松鼠吓得把球果都忘得一干二净了。它急忙跳上树，沿着树干向上攀爬。从枯枝堆里跑出一只貂，紧跟其后，追了上去。貂也迅速沿着树干向上攀爬。松鼠已经逃到树枝的顶梢上来了。

貂顺着树枝向它逼近。松鼠一纵身，就跳到另一棵树上来了。

貂将自己狭长的身子蜷缩成一团，脊背弯成弧形，也纵身跳了过去。

松鼠继续沿着树干逃窜。貂就一直追着，也沿着树干奔跑。松鼠的身子特别敏捷，不过貂的身子更敏捷。

松鼠逃到树顶梢，已经走投无路，四周没有一棵树。

貂就要追上了……

松鼠从一根树枝蹿到另外一根树枝，紧接着又是纵身一跳。貂也穷追不放。

松鼠在树枝的顶梢来回蹦跳，貂就在稍微粗壮一些的枝干上猛追。松鼠跳呀跳，蹦呀蹦，逃到了最后一根树枝上。

底下是土地，上面是凶残的貂。

没有片刻思考的工夫了：它又是纵身一大跳，来到了地面，然后紧接着奔向另一棵树。

在地面上，松鼠可不是貂的对手。貂一个箭步就追上了它，将它狠狠地扑倒在地。这下，松鼠彻底葬身于貂的魔掌下了……

兔子的小伎俩

深更半夜，一只小灰兔偷偷潜入了果树园。小苹果树皮特别的香甜，天快亮时，小灰兔已经将两棵小苹果树给咬坏了。雪花飘落在它脑袋上，它也不理不睬，只是埋头啃着果树皮。

林中的公鸡啼叫了三遍。狗也开始叫了起来。

此时，灰兔才缓过神儿来，打算趁人还没起床，逃回林子去。四周都是雪花。它那棕红色的毛皮，相隔很远也能看得很清晰。它真想变成白兔，这样就能更好地隐蔽自己！

深夜飘下的雪特别柔和，还能在上面印下脚爪印呢！灰兔在雪地上奔跑着，一路印下了不少脚印。细长的后腿印下的是脚掌伸直的脚印；短小的前腿印下的是小圆圈。在这暖和的积雪上，每一个脚印、每一个爪痕，都是那么的清晰可见。

灰兔从田野穿过，来到林子里，在屁股后面印下一条线似的脚印。刚填饱肚子的灰兔，心想着能在灌木丛中小睡一会儿该多好呀！可不好的是：无论它躲到何处，脚印都会把它给出卖！

所以灰兔只能玩把戏了：它在雪地上来回乱跑，故意把雪地上的脚印搞得乱七八糟。

这个时候，村庄里的人们已经起床了。园子主人来到果树园一瞧——啊！我的上帝啊！两棵怪好的小苹果树皮都被咬掉了！他在雪地上细细查看，于是就真相大白了：原来小苹果树下留有兔子的脚印。他握紧拳头恐吓地说道：等着瞧吧，兔子！我一定

要扒了你的皮来补偿我的损失！

他赶回家里，取出猎枪装好枪弹，就急急忙忙地踩着雪外出了。

看，那只灰兔就是从这里翻过篱笆的，翻过篱笆就向田野奔去了。进了林子，脚印就开始绕着灌木兜圈圈了。你这把戏可蒙骗不了我！我是知道得一清二楚的。

瞧，这是第一个把戏：灰兔围着灌木绕了一圈，然后横向踏过自己的脚印。

瞧，这是第二个把戏。园子主人将灰兔的两个把戏全部识破了。

主人沿着脚印继续跟踪，猎枪子弹也上了膛，随时准备射击。

走着走着，他停住了。奇怪，脚印怎么不见了？——四周全都是没被践踏过的雪地。即便是兔子飞奔过去，也得留下一点蛛丝马迹呀！

园子主人蹲下身子细心察看脚印。哈哈！原来这是兔子另一

个新把戏：兔子沿着自己踩过的脚印又折返了。它每一个步子都毫无偏差地，踩在之前留下的脚印上。你不用心看，是很难辨认出那双重脚印的。

于是，园子主人沿着脚印往回走。他走着，走着，结果重新回到了田野里。难道是他看走眼了。难道说，还有一个把戏没被识破。

他调过头来，又沿着双重脚印奔去。哈哈，原来事情是这样！原来双重脚印不久就没了，继续向前，脚印又变成单一的了。既然是这样，兔子应该就是在这里蹦到一侧去了。

正如所料：兔子沿着脚印的走向，一直穿过灌木丛，紧接着就跳到一侧去了。这会儿脚印又恢复正常了。一下子又没了。又是一些双重脚印蹿过灌木丛。再向前，兔子开始蹦跳着前行了。

这回可得仔仔细细地察看……又向一侧蹦了一次。这回，灰兔一定是躲在灌木丛里睡大觉了。你想蒙骗人可不是那么容易呀！

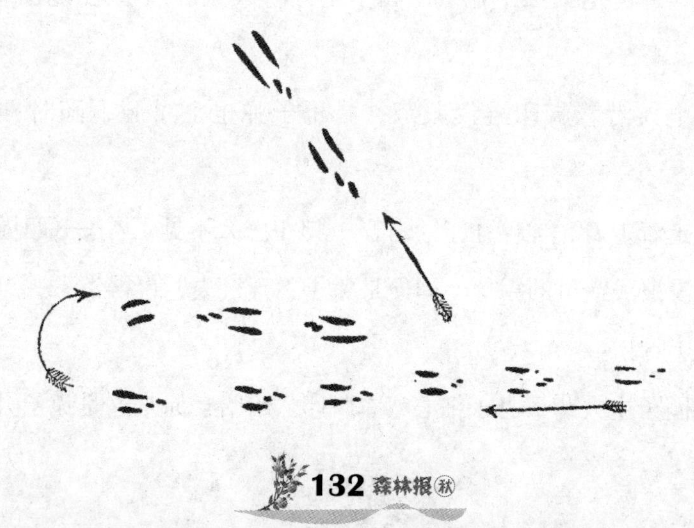

没错，兔子就躲在这附近睡大觉呢！但是，并不是园子主人认为的那样躲在灌木丛里，而是隐藏在一大堆枯枝败叶下睡大觉呢！

灰兔早已沉入了梦乡，忽然听到沙沙的脚步声。声音越来越向它逼近，越来越向它逼近……

兔子抬起脑袋，看到两只穿靴子的大脚在向它走来。闪着油亮光的黑色枪杆触碰在雪地上。

灰兔偷偷地钻出它的藏身之所，箭一般地跑进枯枝堆后面去了。只见短小的白色尾巴，在灌木丛中一闪，兔子就逃得无影无踪了。

园子主人有些失望，但也只能空手而归了。

雪鹀[1]

我们这边的林子里，又来了一位夜间大盗。想要看清它的真面目，可不是一件容易的事。因为夜里特别黑，看不清楚，白天又很难将它和雪分辨开。它原本生活在北极，身上的衣服颜色，跟北极永久不化的积雪一样。这个夜间大盗就是北

①雪鹀，又名雪雀、路边雀，是一种小型鸣禽，身上有黑白两色，主要以植物种子为食，常栖息于裸露地面。

极雪鸮。

雪鸮跟猫头鹰一般大小，只是力气不及猫头鹰。它以各类飞禽、老鼠、松鼠和兔子为食。

在它的家乡苔原，天气非常寒冷，小野兽们几乎全都躲藏了起来，各类鸟儿也都迁走了。

雪鸮找不到食物吃，被迫背井离乡。最终来到我们这里暂居。它计划居住在这儿，直到明年春天再飞回家乡。

啄木鸟的打铁场

我们的菜园后面，种植了不少老白杨树和老白桦树，其中还有一棵上了年纪的老云杉。云杉上还结了几个球果。

有一只彩色的啄木鸟，飞到云杉上，它用尖嘴巴啄掉一个球果后，就沿着树干向上爬去。它找到一条缝隙，就把球果塞进去，然后用嘴巴啄它。它将球果中的果仁儿吃掉后，就把球果丢下去，再去啄另一个球果。第二个球果还是塞到那条缝隙里；第三个也是，第四个，第五个……就这样一直忙活到夜幕降临。

森林通讯员勒·库波列尔

熊的谜

为了远离寒风，熊通常把自己的冬季住房，建在低海拔处，甚至建在沼泽地带，建在浓密的小云杉林中。但是，还有一件怪异之事：倘若今年冬天不冷，而且积雪经常融化，那么熊就会在高处安家落户，诸如小山丘、小山岗。这件事，是经过很多代猎人才证实过的。

这很容易解释：熊担心积雪融化，而且特别不喜欢融雪天。也确实令人害怕，如果一股雪水流到它的洞穴，浸到它的身子底下，然后天气突然转冷，雪水就会结成冰，将熊毛茸茸的皮外套冻成铁板，到那时该如何是好呢？如果真是那样，哪还有时间睡大觉啊，它得爬起来到林子里去跑跑，活动一下身子让血液暖和起来。

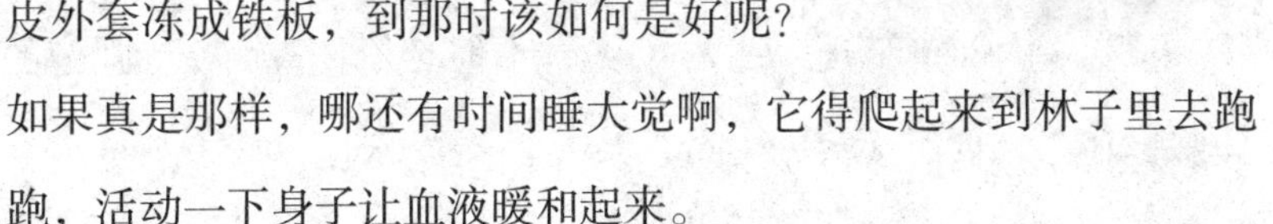

如果不去休息，还要一个劲儿地运动，就会消耗掉体内储备的热量，那时就需要吃东西补充能量。可是大冬天的，熊在林子里根本找不到吃的。所以，倘若它能提早知道这年冬天不冷，就会选在一个高处搭窝，以防在融雪天被雪水浸湿身子。

不过，熊到底是依据什么样的天气征兆，得知这一年的冬天是冷是暖呢？为何在秋天的时候，它就能准确无误地为自己在沼泽地带或者山岗上，挑选一个好地段去挖洞穴呢？这些我们还不得而知。

如果你真想知道，那就请你钻到熊洞里，去请教一下熊大哥吧！哈哈，不敢吧！

伐木的故事

在古代，苏联流传着一句谚语："森林都是妖魔鬼怪，在林子里工作，离见阎王也就为期不远了。"

在古代，伐木工人的劳动是非常恐怖的。它们手拿着尖斧，虎视眈眈地面对着绿颜色的朋友，跟对付凶险的敌人似的。要晓得，锯子是人类在 18 世纪初才发明的。

对于一个人来说，如果整天都在冰天雪地里砍伐树木，而且白天只穿一件衣服干活儿，夜间又在没有火炉的木房或者小草棚里，只盖一件外套睡觉。这样的人，不但必须具备钢铁般强健的体魄，还必须要有无穷的力量。

春天的时候，伐木的活儿更不容易做了。

在冬天里砍伐的树木，都要运到河边去，等着河水解冻，让河水把这些沉重的圆木运到目的地。大伙儿都清楚河水是流去哪个方向的。

河水把木头运到哪里，哪里就该心存感激……在河流两侧矗立起一座座城市。

在现代又如何呢？

伐木工人最初的意义已经变了。我们已经不再使用斧头，来砍伐树木和削掉树枝。这些伐木的活儿全由机器来代替了。即便是林间道路，也是由机器开辟、建造的。他们就是沿着这条新路把木材运往城市的。

林中履带拖拉机的力气可大着呢！

这个笨重的钢铁怪兽，只遵从主人的指示，闯进难以通行的浓密森林，像割草似的，轻松地把百年大树一颗颗放倒。而且还毫不费力地把大树连根拔起，甩到一侧，紧接着把瘫躺在地上的林木推开，铲平林地，最终把道路修建好。

汽车装载着流动发电站，在这条新建的道路上行驶着。伐木工人手拿着电锯，电锯锋利的钢齿，轻而易举地就伸入了坚硬的木头里，就像刀子切黄油那么简单。不到半分钟，电锯就把半米直径的大树穿透了。这棵大树足足有一百岁的高龄呢！

周边 100 米内的林木被伐倒后，汽车就把发电站运到前面去。一辆大运输机驶来，占去了它原先的位置。运输机将几十棵没削枝的林木抓起，放到专门运载木材的道路上去了。

庞大的运输机，顺着这条林中大道，把砍伐的木材运往窄轨铁路。在那里，司机驾驶着一长串儿的敞车，敞车里堆满了大批的木材，向铁路车站或者木材加工场驶去。在木材加工场，人们把木材制作成圆木、木板和纸浆木料。

在现代社会，人们用机器采伐的树木，被运往最偏远的草原、农庄、城市和工厂，运往那些急需木材的地方去。

我们都知道，在这种强大技术的支持下，只能按照十分严格的国家计划来采伐树木。否则，我国最充足的林木区，会瞬间变成一片荒漠。凭借现代技术来摧毁森林，是轻而易举的事。可是林木生长是缓慢的——要经过几十年，它们才能长成森林呢！

我们国家在砍去林木的地方，都会重新植上了树木——种上那些比较珍贵的树种。

我们这儿的庄员们，今年表现得都很优秀。我们省很多农庄，1公顷收获1500千克粮食，都成了司空见惯的事。1公顷收获2000千克粮食，也算不得什么稀罕事了。有的劳动小组的成就非常杰出，他们享有“劳动英雄”的光荣称号是当之无愧的。

政府很看重劳动者的忘我精神，所以授与他们“劳动英雄”的神圣称号，并颁发勋章和奖章来表彰他们的成就。

冬天已经来临。田地里的农活都已经忙完了。

男人们把饲料弄到牛棚，妇女们也在牛棚里忙活着。家里饲养猎狗的人们外出去打灰鼠了。还有很多人去林子里砍伐树木。

成群的灰山鹑渐渐向农舍靠近了。

孩子们都去上学了。白天，他们布下捉鸟的网子，在小山坡上滑雪，或者滑小雪橇。晚上，就在家里读书、做作业。

智斗小坏兽

最近，这儿下了一场大雪。狡猾的老鼠在厚厚的雪下面挖了一条地道，一直延伸到苗圃的小树跟前。不过，它再狡猾也没有我们心眼儿多：我们把小树四周的积雪，全都踩得结结实实的。

这样，老鼠就很难再跑到小树这边来了。如果一些老鼠跑到雪地上来，不被冻死才怪呢！

野兔也会时常跑到我们果园里来捣乱。我们也准备好了应对它们的办法：我们用稻草和云杉树枝把小树们全都包裹起来了。

吉玛·布罗多夫

神奇的小屋

有一间小屋子，悬挂在一条细丝上，风一吹来，它就轻轻摇摆。这屋子的墙壁，像一张纸那么厚，甚至连防寒保暖的东西都没有。那么，这种小屋子能不能用来过冬呢？

你万万没有想到吧——这种小屋子是可以用来过冬的！我们见过很多这类条件简陋的小屋子。它们被蜘蛛网一般的细丝，悬吊在苹果树的枝上。这种小屋子是用枯叶搭建而成的。庄员们见到它，就会扯下来烧掉。原来小屋子居住的，都是一些犯罪分子——害虫，它们是苹果粉蝶的幼虫。如果你留它们过冬，春天一到，它们就会把苹果树的芽和花咬坏。

每一件事情都有利弊两面，林子也不例外！

昨天深夜，光明之路集体农庄险些被人偷盗。快到午夜的时候，一只大白兔闯入了果树园。它打算啃掉小苹果树皮，但是它发觉那树干和云杉树干一样刺嘴。它尝试了几次，都以失败告

终，就只好离开了园子。

庄员们预料到会有小偷从林子里跑出来，去破坏他们的果树园，于是砍来一些云杉树枝，把苹果树干全都包裹了起来。

欢迎新客人

人们在郊区的红旗农庄里，新建了一个养兽场。就在昨天，这里来了一批棕黑色的狐狸。很多人跑来欢迎这批新客人的到来。刚刚会奔跑的小顽童，也都加入了欢迎的队伍。

狐狸用质疑的眼光，害怕地扫视着这些前来欢迎的人。唯独一只狐狸，突然很沉静地打了一个哈欠。

“妈妈！”一个戴着无边小帽的娃娃大声说道，“千万不能将这只狐狸围在脚脖子上——它会咬伤你的！”

孙女的疑问

在劳动者集体农庄里，大伙正忙着把优良的小葱和小芹菜根拣出来。

工作队长的孙女问道：

“爷爷！这些都是给牲口准备的饲料吗？”

工作队长笑着回答道：

“不是的，孙女，你猜错了。我们是要把它们种在温室里。”

“为什么种在温室里呢？是让它们长大吗？”

“不是，孙女。我们希望它们常常能为我们提供新鲜的葱和芹菜吃。冬天的时候，我们吃马铃薯，可以往它上面撒点葱花；我们还可以摘来芹菜烧汤喝呢！”

树莓的被子

上个星期天，一个九年级的学生——外号“米克”，跑到曙光集体农庄去玩。他在树莓边遇见了工作队长费多谢奇。

“老爷爷！您不担心树莓被冻死吗？”米克故作内行地问道。

“不会被冻死的。”费多谢奇回答道，“它可以藏在雪底下平安过冬。”

“在雪底下过冬？老爷爷，您的脑袋还好使吧？”米克继续说道，“这些树莓长得比我都高出很多！不会是，您希望老天爷下这么深的一场雪吧？”

“我盼望的是一般的雪。”老爷爷回答，“小神童，就请您告诉我：冬天你铺盖的被子，难道就和你的身高一样厚吗？还是相对较薄些呢？”

“这和我的身高有哪门子关系呀?”米克笑起来了,“我是把身子躺下盖被子的。老爷爷,你懂吗?我是把身子躺下盖被子的!”

“树莓盖雪被,也是把身子躺下的。但是,小神童,你是自个儿躺下;树莓是被我弄倒在地上的。我把它们都弯在一块儿,然后用绳子捆扎起来,于是它们就躺下了。”

“老爷爷,您比我想象的要有智慧得多呀!”米克惊奇地说道。

“可惜呀,你没有我想象的那么聪慧。”费多谢奇失望地回答道。

尼·巴甫洛娃

农活小帮手

这时候,在集体农庄的粮仓里,每天都可以看到孩子们。他们和大人一样忙碌着,有的帮着挑选留作春播的种子;有的在菜窖里挑选最优良的马铃薯作种子。

男孩子们也不闲着,跑到马厩和铁工厂去帮忙。

很多孩子常常在牛棚、猪圈、家兔和家禽饲养场里,负责后援的支持工作。

我们在校园里读书,有空的时候,就在家里帮着农场干活儿。

大队委员会主席　尼古拉·利华诺夫

华西里岛的小居民

涅瓦河被冰封了。这阵子，每日午后4点钟，都会有大批来自华西岛区的乌鸦和寒鸦，聚集在斯密特中尉桥（第八条街对过儿）下游的冰面上。

成群的鸟儿在那里喧闹一阵之后，就分成几群，各自飞回华西里岛的花园里去睡觉。每一群鸟儿都很喜欢它们所居住的美丽花园。

特殊侦察员

我们果园和坟场的灌木、乔木急需人来保护。但是，它们所遭遇的破坏分子，是人类很难应付的那种。那些破坏分子不但狡猾，而且体形较小，不易被觉察。园丁们不容易对付它们，我们需要找来一批特别的侦察员去消灭它们。

在我们这里的果园和坟场上，就可以看到这些负责侦察的队伍。

它们的长官，是一只头戴红帽的彩色啄木鸟。啄木鸟嘴巴跟一根长枪似的，用它向树皮里啄去，不间断地大声发号施令："快刻！快刻！"

紧随其后的是各类山雀：有戴尖顶高帽的凤头山雀，有戴厚帽的胖山雀，还有一种浅黑色山雀。在侦察队伍里面，还有一种旋木雀，它身穿浅褐色的外衣，嘴巴跟锥子似的。还有一种䴓（shī），身穿天蓝色制服，白胸脯，嘴巴十分尖锐，酷似一把短剑。

啄木鸟继续发号施令：“快刻！” 䴓就跟着将口令重复一遍：“别急！”然后山雀回应着：“崔克！崔克！崔克！”于是，整个侦察队就开始忙活起来了。

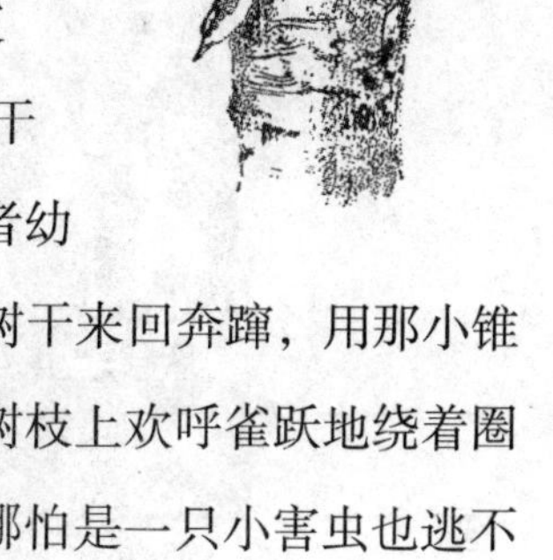

侦察员迅速将树干和树枝占领。啄木鸟抓着树干，用细长的舌头，从树皮里叼出蛀皮虫吃；䴓低着脑袋，围着树干绕来绕去，一旦发现树皮里藏着昆虫或者幼虫，就把嘴巴插进去；旋木雀在底下的树干来回奔蹿，用那小锥子似的嘴巴戳着树干；一群群青山雀在树枝上欢呼雀跃地绕着圈子。它们细细查看每一个小洞和缝隙，哪怕是一只小害虫也逃不过它们的眼睛和小嘴巴。

陷阱小屋

鸣禽们是我们可爱的小伙伴，现在它们饥寒交迫。希望大家能给予它们热心的帮助。

如果你们家中有花园或者小庭院，就特别容易招引来一些小鸟。它们正在受冻挨饿，拿出些食物给它们吃吧。在天气变冷和

起风暴的时候，给它们准备一些御寒的东西，给它们提供一些做窝的场所吧。假如你能引来几只漂亮的小鸟，到你们为它准备的小房子居住，那样你就能很容易捉住它。你只需要提前建造一间小房子就可以了。

邀请我们的小客人到露天餐厅免费用餐吧，那里有为它们特地准备的大麻子、大麦、小米、面包屑、碎肉、生猪油、奶酪、葵花籽等！哪怕你是生活在大城市里，最有趣的小客人，也会到你精心准备的小房子里去吃那里的食物，并且在那里定居下来。

你可以找来一条细铁丝，或者细绳子，一头绑在房子能闭合的小门上，一头穿过小窗户，一直延伸到你的房间里。必要时，将绳子一拉，就能把那扇小门给关上。

还有一种特别有趣的方法！在捉鸟的房子上扯上电线。

但是，夏天，你最好不要去捕捉它们，捉去大鸟，小鸟会被活活饿死的。

秋天，捕猎小毛皮兽的日子到了。

在临近 11 月的时候，这些小毛皮兽都已经长全了毛，脱去单薄的夏装，改穿成了毛发蓬松的、温暖的冬大衣。

北极犬助阵猎灰鼠

一只灰鼠能有多大个头呢?

在我们捕猎工作中，灰鼠比其他野兽都要受重视得多。单说灰鼠的尾巴，全国每年就要用掉几千捆。灰鼠漂亮的尾巴，能被用来制作帽子、衣领、耳套以及其他防寒用品。

毛皮没有了尾巴，还可以派上其他用途。这些灰鼠毛皮可以用来制作大衣和披肩，也可以制作成浅蓝色女式大衣，穿起来既轻便又暖和。

冬天刚下完第一场雪，猎人们就要外出去捕猎灰鼠了。即便是老头子和十二三岁的少年，也到灰鼠经常出没的地方去捕猎它们。

猎人们或是独自一人，或是三五一伙儿，在林子里一待就是几个星期。他们带上滑雪板，整天都在雪地上来回穿行，遇见灰鼠就打，遇不见就设置、察看捕兽机和陷阱。

他们在雪窖里居住，或者在专门供猎人居住的低矮的小房子里借宿一夜。在小房子里，有一种酷似壁炉的火炉，猎人就是用它来烧水做饭。

陪同猎人捕捉灰鼠的最佳伙伴，是北极犬。如果猎人没有北极犬，就像失去了双眼。

北极犬是一类特种猎狗，生活在我们北方。作为猎人的助手来说，世界上其他猎狗没有能胜得过它的。

北极犬可以帮你发现白鼬、鸡貂①、水獭的洞穴，可以帮你把这些小野兽咬死。夏天，北极犬能把野鸭从芦苇丛中赶出来，能把琴鸡从密林中驱出去。这种猎狗从不畏惧水，哪怕是冰冷的河水也不怕。河中结有薄冰时，它也敢下水，把落入水中的死野鸭给叼上岸。秋天和冬天，北极犬能为猎人打松鸡和

---

①鸡貂，又名鸡猫，属于豹科，是一种害羞的动物，常在夜间出来活动，它的嗅觉发达，常用来防身、捕猎，主要以捕食鼠、鸟、蛇为主。

黑琴鸡提供帮助。在那时，要想捕猎到这两种野禽，单靠一般猎狗的驻足张望是不行的。北极犬就不是那样，它蹲在树下，对着野禽不停地狂叫，这样就把它们的注意力引到猎狗身上来了。

在无雪的初冬时节，或者雪花飞舞的时候，带上北极犬外出打猎，可以帮你发现驼鹿和熊的踪迹。

如果有猛兽袭击你，你忠诚的伙伴北极犬，绝不会弃你而去的。它会从野兽背后猛扑上去，给你争取足够的时间装弹药，然后将它们打死；要不然，就英勇地战死沙场啦。但最令人称奇之事，是北极犬可以发现居住在树上的野兽，诸如灰鼠、貂、黑貂、猞猁，等等。其他种类的猎狗，很难发现树上的灰鼠。

在冬天，或者深秋时节，你走在云杉林、松树林或者混合林中，四处一片沉寂寂。任何一个角落，都没有动弹的东西，也没有东西飞过，也听不致啾啾的声响。四周仿佛是一片沙漠似的，没有一只野兽。简直像死一般的沉寂。

但是，如果你带上一条北极犬，就会感觉很热闹了。北极犬可以在树根底下发现白鼬，可以把兔子从洞穴里驱赶出来，还可以捉住一只林鼷（xī）鼠，还能发现那些藏起来的灰鼠。不论它们如何躲藏，最终都逃不过北极犬的眼睛。

不过，北极犬一来不会飞，二来不会爬树，如果树上的野兽不到地面上来，那么它又是如何发现灰鼠的呢?

捕猎野禽的长毛猎犬和侦察野兽踪迹的皂缇，需要具备相当

灵敏的嗅觉。鼻子是它们最基本的捕猎工具。这些猎犬，即便眼睛不灵活，耳朵听不到声音，也依然正常工作。

然而北极犬却同时具备这三样工具——敏锐的嗅觉、视觉以及听觉。北极犬在追赶猎物时，需要同时用上它们。毫不夸张地说，这根本不是什么工具，而是它最得力的三个佣人。

灰鼠躲在树上，用脚爪刚一抓树干，北极犬立刻竖起那时刻警觉的双耳，一下子就发现了它。它偷偷地对主人说：这里藏着小兽！灰鼠小脚爪刚从针叶间闪过，北极犬敏锐的眼睛就对主人

说：灰鼠在这里！一阵风吹来，灰鼠的气味被吹到了树底下，北极犬灵敏的鼻子就告知主人：灰鼠在上面！

北极犬就是凭借这三个仆人，找到藏在树上的小兽后，吩咐第四个仆人——声音，给主人通风报信。

一只训练有素的北极犬，如果发现飞禽走兽，是不会向那棵树猛扑过去的，更不会用脚爪在树干上撕扯，因为这样很容易将躲藏在树上的猎物吓跑。在这时候，它会静坐在树底下，聚精会神地紧盯着树上野兽藏身的地方，把耳朵竖直，隔一阵就狂叫几声。要不是主人过来把它唤走，它是绝不会离开那棵树的。

捕猎灰鼠的办法很容易：北极犬发现猎物后，灰鼠的注意力就全被转移到了北极犬身上。猎人只要没有太大的动作，偷偷地靠过去，用心地瞄准猎物开枪就是了。

打灰鼠用霰弹，是很难打中的。但是使用小铅弹就很容易打中了，要尽可能地瞄中它的脑袋，以免损坏灰鼠毛皮。冬天，即便灰鼠受伤也不会轻易死掉，所以，必须一枪命中。否则，它一旦逃进茂密的针叶丛林里，就很难再找得到了。

猎人的捕杀工具除了猎枪，还有捕鼠机和其它捕鼠器。

设置捕鼠机的具体操作是这样的：找来两块厚厚的短木板，安置在两棵树之间。把一根细木棒立在下面的木板上，撑起上面的木板，以免脱落下来，细木棒上放着干蘑菇、干鱼等香甜的诱饵。只要灰鼠触碰诱饵，木板就会落下来，夹住小野兽。

如果冬雪下得不厚，猎人整个冬天都会捕猎灰鼠。春天一到，

它们就会脱去冬装。在深秋到来之前，在它们重新穿上淡蓝色的冬大衣之前，猎人是坚决不会去捕杀它们的。

带斧头打猎

猎人捕猎那些凶暴的小毛皮兽，很少使用猎枪，更多的还是用斧头。

北极犬通过灵敏的嗅觉发现藏在洞里的鸡貂、白鼬、伶鼬、水貂以及水獭。至于将它们从洞内赶出来，那就得由猎人自己来完成了。赶小兽却不是一件容易的事情。

在地下、树根下或者乱石堆里，这些凶暴的野兽，为自己挖好了洞穴。在它们遇到危险时，不到迫不得已时，绝不会轻易离开藏身之所。那样，猎人就被迫使用探针或者铁棒，伸到它们的洞穴里去搅合，或者把洞穴上面的石头搬开，用尖斧将粗大的树根劈烂，砸碎冰冻的土层，或者用浓烟将它们从洞穴里熏出来。

但是，它们一旦跑出来，就休想再逃掉：北极犬绝不轻饶它们，不把它们活活咬死才怪呢！

不然的话，猎人也会拿起猎枪把它们打死。

神猎手捕貂

要想打到林中之貂就相当困难了。不过，要想找到它们捕食鸟兽的地方，却并非难事：这边的雪地常常被踩得不成样子，而

且上面还留有血迹。但是，找到它们的藏身之处，就得需要特别敏锐的眼睛。

貂在空中跳跃：从这棵树枝跳到那棵树枝，从这棵树奔到那棵树，和灰鼠一个样。但是，它一路走下来，留下了很多踪迹：被踩断的小树枝、绒毛、球果以及抓下来的树皮，等等。稀稀拉拉地从树上散落在雪地上。一个老练的猎手，就是依据这些踪迹来辨认貂的空中路线的。这条空中路线有时长达好几千米远。只有悉心的观察，才能准确无误地追踪它、找到它。

塞索伊奇第一次发现貂的踪迹，他没有带猎狗，所以只能独自去追赶那只貂。

他踩着滑雪板追了好久。一会儿，他发现了貂留在雪地上的脚印，自信地向前滑去；一会儿，又慢下来，聚精会神地侦察这个空中旅行者留下的并不醒目的痕迹。他一个劲儿地长吁短叹，后悔没带来他那忠实伙伴北极犬。

黑幕降临时，塞索伊奇还在林子里徘徊。

这位矮个儿小胡子燃起一堆火，从衣兜里掏出一块面包吃了起来，怎么也得熬过这漫长的寒夜吧。

第二天一大早，塞索伊奇就沿着貂留下的痕迹，来到一棵粗壮的枯云杉跟前。真幸运！在这棵云杉树干上，塞索伊奇发现一个树洞，貂想必就在这个树洞里过夜的，而且很有可能还没离开。

塞索伊奇想到这里，就赶紧扣好扳机，在树干上猛击了几下，如果有貂一跑出来，他就立马向它射击。

可是，貂并没有跑出来。

塞索伊奇拿起树枝，接二连三地在树干上重重地击打了几下。

貂还是没出来。

唉，睡得还真沉！塞索伊奇默默地嘀咕着：醒来吧，贪睡鬼！

他心里一边想着，一边又拿起树枝，在树干中狠狠地敲了一下，震得整片林子都是击打的声响。

原来貂没躲在树洞里睡觉。

这会儿，塞索伊奇才想到仔细察看一下云杉的四周。

这棵云杉是空心的，在树干另一头、一棵枯树枝的底下，还有一个洞口。这棵枯树枝上的积雪已经掉落：貂就是从这个洞口，蹿到临近的树上去的。粗大的树干遮住了猎人的视野，所以他才没有发现。

塞索伊奇无计可施，只能继续沿着貂的足迹向前追赶着。

猎人又停在那些难以辨别的踪迹之间，徘徊了整整一天。

后来，塞索伊奇发现一个踪迹，很清晰地证实，貂就在附近不远处了。

这会儿，天已经漆黑一片。猎人发现一个松鼠洞，洞里没有松鼠，看样子被貂赶走了。仔细察看才知道，貂已经苦苦地追赶松鼠有一阵子了。

不过，貂最终还是追上了它。那只被追得筋疲力尽的松鼠，万万没有想到自己在跳跃的时候，一不小心从树上坠落下来。于是，貂趁机猛扑过去。松鼠，活活地被貂吞食掉了。

没错，塞索伊奇追踪的路线没出问题。但是，他很难再继续追赶下去了，因为自从昨天起，他就没有吃进一点食物。他带的面包没了，天气又变得寒冷起来。如果再在林子里过夜，一定会被冻死的。

塞索伊奇特别恼怒地骂着，最终也只能沿着原路往回走。

他心里寻思着，如果能追上那只野兽，把它击毙，所有的问题都能解决了。

塞索伊奇又来到那个松鼠洞时，很生气地拿起枪，也不瞄准，就对着它放了一枪。他只是想借此发泄一下情绪而已。

树枝和苔藓被震得从树上坠落下来。然而，让塞索伊奇意想不到的是，竟有一只长毛貂也随落叶一起落在了他的脚下。这只貂在快死的时候，还在不停地颤抖着呢！

后来，塞索伊奇才得知，这是常有的事情：貂逮到松鼠，将它吞食掉之后，就躲到松鼠暖和的洞窝里，把自己蜷缩成一团，舒舒服服地倒头大睡起来。

捕捉黑琴鸡

12 月中旬，大雪纷纷扬扬地下个不停，柔软的积雪已经没到了人的膝盖。

黄昏时分，黑琴鸡蹲在光溜溜的白桦树上一动不动，把自己的黑影装饰在玫瑰色的天空上。后来，它们竟陆续地扑向雪地里去，不见了踪影。

黑夜来临了，这是一个没有月亮的夜晚，林子里漆黑一片。

塞索伊奇站在黑琴鸡消失的空地上。他一手拿着捕网，一手持着火把。浸过树脂的亚麻秆，燃烧得很旺，把漆黑的夜空都照

亮了。

塞索伊奇一边用心倾听，一边继续向前走着。

突然，在前面离他不远处，一只黑琴鸡从雪底钻了出来。火光照得它睁不开眼睛，它像巨型黑甲虫似的，无助地在原地直打转。猎人很迅速地用网子将它罩住。

塞索伊奇就是用这个办法，在夜里捉到了很多黑琴鸡。

不过在白天，他却是乘坐雪橇狩猎的。

这件事特别怪异：黑琴鸡待在树顶，是不允许行人过来射杀它们的。但是，即便是同一个猎人，只要乘着雪橇快速地驶过，哪怕雪橇载着大批货物，那些黑琴鸡也插翅难飞了！

本报通讯员寄

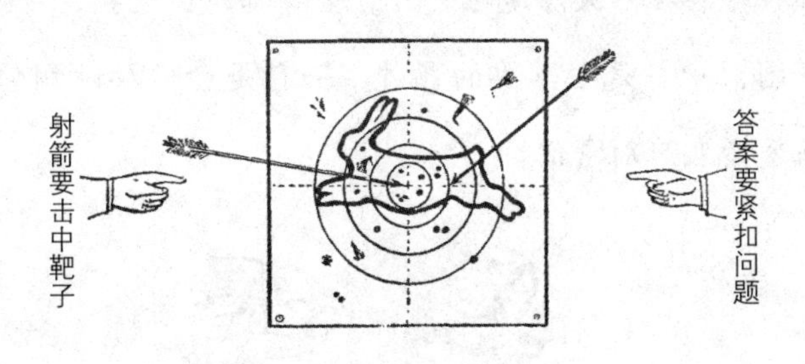

第九次竞赛

1. 虾在什么地方过冬?
2. 冬天，鸟儿最害怕遭遇寒冷，还是饥饿?
3. 假如兔子的毛色很晚才变白，这说明今年的冬天来得早，还是来得晚?
4. 什么是啄木鸟的打铁场?
5. 在我们这里，哪种夜间大盗，只出现在冬天?
6. 如何解释兔子的旁跳 ?
7. 秋天和冬天，乌鸦都躲在哪里过夜?
8. 最后一批鸥和野鸭，从我们这里何时离开?
9. 啄木鸟在秋冬两季和什么鸟结成一伙?
10. 猎人常说的“拖迹”是什么意思?
11. 猫的眼睛，在白天和黑夜一样吗?

12. 猎人常说的“双重迹”是什么意思?

13. 猎人常说的“雪上兔迹”是什么意思?

14. 哪种野兽在冬天除尾巴尖外，全身都是白色?

15. 下图，一种是食草兽的颚骨，一种是食肉兽的颚骨。如何根据牙齿来辨别它们?

16. 没手没脚四处跑，到处敲打门和窗，敲敲打打要入房，不论欢迎不欢迎。(谜语)

17. 一种东西地面躺，两盏灯儿放光亮，四种东西分开放。(谜语)

18. 一种东西有咸味，水里生出最怕水。(谜语)

19. 比煤灰黑，比白雪白；有时比屋子高，有时比绿草矮。(谜语)

20. 有个大汉还真好，背着袋子路上跑，袋子越背不动，他心里越感觉美好。(谜语)

21. 一个大高个，院子中间站；前面有把叉，后面拖扫帚。(谜语)

22. 每天都在地上走，两眼从不望向天，身上哪儿都不痛，总是不停地在哼哼。(谜语)

23. 一所小绿房，不生门来不生窗，房子里的小主人儿，挤得满满一堂。(谜语)

24. 长呀长大了，从绿叶丛中冒出来，放在手心来回滚跑，放在嘴中咬咔吧咔吧响。(谜语)

第八次测验题

谁干的事？

第一幅图，这是哪种动物的脚印？

第二幅图，在这个房顶上，老在原地打转的动物是哪种动物？为什么老在打转？

第三幅图，雪地里的这个小圆洞是什么？在这里过夜的是哪种动物？遗留下来的是何种动物的脚印和羽毛？

第四幅图，这里为何有那么多脚印？究竟发生了什么事？树枝间是哪种动物的犄角？

快来给鸟儿开办免费食堂

我们可以用一根绳子把小木板悬挂在窗外。在木板上放上面包屑、干蚂蚁卵、面虫、蟑螂、熟鸡蛋屑、大麻种子、山梨果、蔓越莓、白球花果、小米、燕麦、牛蒡等食物。

但是，最好在树上设置一个饲料瓶，把一块小木板安装在瓶子下面。

准备一张饲料小木桌，放置在院子里，再在上面搭建一个屋顶，以免雪花飘落到桌面上来。

快来帮助挨饿的鸟儿

请大家注意：现在是人类的朋友——鸟的困难期。

在这段时期，它们会遭受饥寒交迫的苦日子。请大家尽快为它们搭建树洞、椋鸟窝、小板棚等温暖的住房，不能再拖到春天了。这样，就可以帮助受难的鸟朋友避开恶劣的坏天气。为了防御寒风和暴雪，鸟儿都来求助人类，夜晚钻进屋檐、门洞里过夜。有一只小鹪鹩，甚至被迫跑进一个邮箱里借宿。

请大家将绒毛、羽毛、破布等，铺到椋鸟房和树洞里去（参阅本报第一期和第二期的广告）。这样，我们的鸟类朋友们就有暖和的褥子和被子了，再也不用为寒冷的冬季发愁了。

打靶场及神眼竞赛答案

打靶场答案

核对你的答案是否命中了目标。

第七次竞赛

1. 从9月21日秋分日算起。
2. 雌兔。因此最后一批出生的小兔称作“落叶兔”。
3. 山梨树、白杨树、槭树。
4. 候鸟并不都是向南迁徙的。有的向南迁徙，有的向其他方向迁徙。比如，从我们这里离开，途经乌拉尔山脉，飞往东方的候鸟——有靴篱莺、沙雀、鲳足鹬。
5. 犁角兽的由来是因为老驼鹿的犄角酷似木犁。
6. 防御野兔和牝（pìn）鹿[1]。
7. 黑琴鸡（雄的）。这话是根据黑琴鸡咕噜的叫声而设想的。它们在春秋两个季节经常这么咕噜地鸣叫。
8. 在地上生活的鸟，脚爪需要适宜行走，因此脚趾张开得比较大。这种鸟在地上行走双脚交替，所以形成一条线的脚印。在树上生活的鸟儿，脚爪需要擅长抓树枝，所以脚趾长得比较紧凑。这种鸟不在地面行走，而是用双脚蹦跳，因此就形成两行脚印。

①牝鹿，不是指某一种鹿，而是对于成年雌鹿的俗称。

9. 在它们飞走时射击比较好，因为枪弹射出去，就能穿进它们的羽毛里去。如果在它们飞来时射击（打脑袋），枪弹很难打进闭合紧凑的羽毛里去，这样就不能把它们打伤了。

10. 这说明林子附近有动物死尸，或者受伤的动物。

11. 因为在这里，鸟妈妈明年会孵化出一窝小鸟。倘若将鸟妈妈打死，野禽就要从这里离开了。

12. 蝙蝠。在它细长的脚趾上有蹼膜。

13. 它们多数死在第一次寒气袭来时了。还有少数躲进树木、水栅栏和木屋的缝隙或者树皮里过冬。

14. 脸面向西方日落的地方；在晚霞里，可以将飞过的野鸭看得更清晰。

15. 在猎人打空枪的时候。

16. 秋播作物：今年播种，来年收割。

17. 金腰燕。

18. 树叶。

19. 雨。

20. 狼。

21. 麻雀。

22. 白蘑菇。

23. 夏天，桑悬钩子；秋天，榛子。

24. 稻草人。

第八次竞赛

1. 上山会快些。因为兔子前腿短，后腿长，更便于爬坡。如果从陡坡上爬下来，兔子很容易跌跟头的。
2. 夏天，鸟窝都被树叶遮蔽了；在叶子落光时，就能很清晰地看到树上的鸟窝。
3. 松鼠。它采集来蘑菇挂在树枝上。冬天没东西吃时，就把这些蘑菇拿来吃。
4. 水老鼠。
5. 这类鸟特别少。猫头鹰将死老鼠藏在树洞里；松鸦将橡实、硬壳果等藏在洞里。
6. 蚂蚁封住所有的蚁穴洞口，然后蜷缩在一起过冬。
7. 空气。
8. 黄色或者褐色，模仿黄颜色的植物、乔木、灌木、草的色彩。
9. 秋天。因为秋天它长得很胖，有一层厚厚的脂肪，羽毛也很浓密，脂肪和羽毛都可以保护它抵挡霰弹。
10. 蝴蝶（这是通过放大镜看到的样子）。
11. 不可以。因为昆虫有 6 只脚，而蜘蛛有 8 只脚。所以，蜘蛛不属于昆虫。
12. 到水中去，藏在石头底下、坑里、淤泥或者青苔底下；有的甚至躲到地窖里去。

13. 每一种鸟的脚爪，都是为适应生活环境而生长的。在地面生活的鸟，脚爪要适宜行走，所以脚趾很直，而且张得很开。在树上生活的鸟，脚爪要适宜抓树枝，所以它的脚趾弯曲，张得很紧凑，有很强的攀援本领，脚爪短小、结实。水禽的脚爪要适宜游泳，跟浆一样，所以鸭子的脚趾间有蹼膜连接；䴙䴘的脚趾上，还长有坚硬的瓣膜，以便更好地划水。
14. 田鼠的脚；它的脚爪要适宜掘土，跟鱼鳍适应划水一样。
15. 耳鸮竖起的耳朵只是两簇羽毛而已。真正的耳朵隐藏在羽毛底下。
16. 从树上飘落下来的叶子。
17. 河。河水上的泡沫。
18. 葎（lǜ）草[①]。
19. 地平线。
20. 过第四年。
21. 鸭子、鹅。
22. 亚麻。
23. 公鸡。
24. 鱼。

①葎草，又名拉拉秧、拉拉藤、五爪龙，是一种多年生茎蔓草本植物，茎枝和叶柄上长有倒刺，叶上有粗糙刚毛，嫩茎和叶可作饲料，亦可入药。

第九次竞赛

1. 在河湖边的洞穴里。

2. 鸟最害怕遭遇饥饿。比如野鸭、天鹅、鸥，假如它们有足够的食物吃，换句话说，有些水域没被冻住，那么它们就有可能留下来过冬。

3. 晚冬。

4. 啄木鸟将叼来的球果放进大树或者树墩的缝隙里，用尖锐的嘴巴给球果加工。这种大树或者树墩就被称作“啄木鸟的打铁场”。在打铁场树底下，通常会堆砌着一些被啄木鸟啄坏的球果。

5. 北方的雪鹀。

6. 指兔子从一条线似的脚印中间向一侧跳去。

7. 在果园、丛林和树上。在那里，在黄昏时就开始聚集大批鸟儿。

8. 在最后一批河湖、水塘结冰时。

9. 秋天（和整个冬天），啄木鸟和成群的山雀、旋木雀结成一伙。

10. 野兽从雪地里拖出腿时，从小雪坑拖出少量积雪，并且留下了脚爪印。这种脚爪印就被称作“拖迹”。

11. 不一样。白天，在太阳光照射下，猫的瞳孔很小；临近黑夜时，瞳孔就开始变得很大。

12. 兔子来回跑了两次的脚印。

13. 兔子印在雪地上的脚印。

14. 貂。

15. 食肉兽的颚骨，依据它的非常突显的长犬齿很容易辨认出来；犬齿是这类食肉兽撕扯猎物常用的。食草兽牙齿的任务是，把植物撕扯下来咬碎，食草兽的牙齿不很突显，门牙相对更有力一些。

16. 风。

17. 狗睡觉；眼睛放光，脚伸开。

18. 盐。

19. 喜鹊。

20. 身背猎物、枪的猎人。

21. 公牛。

22. 猪。

23. 黄瓜。

24. 榛子。

神眼竞赛答案及解释

第六次测验

图一，野鸭曾来过水塘。你仔细查看一下水面，在带着水珠的蒲草和浮萍之间，有一道道的痕迹。这是野鸭聚集在这片水域留下的痕迹。这一道道痕迹，就是野鸭在蒲草和水中蹿来蹿去留下的。

图二，距离地面稍低的一段白杨树皮，是被小个头的兽咬去的。这小个头兽就是兔子。它够不到那么高的地方去啃树皮。距离地面稍高被咬的白杨树枝，这是一种高个头的野兽干的坏事。它是驼鹿，也是将细嫩的树枝咬断吃的。

图三，小十字是爪印，黑点子是勾嘴鹬来到林中小路上，沿着水洼烂泥滩寻找吃的时留下的。

图四，这是狐狸干的坏事。狐狸将捉来的刺猬咬死，然后从没刺的肚皮开始吃起，一直到吃光，只剩下一张刺猬皮。

第七次测验

图一，(甲)这是一只嘴巴上下弯曲交叉的交嘴鸭干的事。它们用利爪抓住树枝，将球果啄下来，吃掉球果里的云杉子，然后将整个球果丢掉。

(乙)在地上，松鼠捡到交嘴鸭吃剩的球果，爬到树墩上，把它吃完，只剩下了核儿。

(丙)林鼷鼠在吃榛子时，先在榛子壳上咬个洞，然后从洞里把榛子仁儿吃掉。松鼠在吃榛子时，将榛子和皮一块吃掉。

(丁)在树上晒蘑菇的是松鼠。它们把蘑菇晒干收藏起来，在冬天没有食物吃时，再拿出来吃。

图二，这是啄木鸟干的。它像医生给病人看病似的，把藏在树皮里的害虫给叼出来。它围着树干绕圈，用尖嘴巴在树干上敲打着，于是在树干上就留下了一圈小洞。

图三，金翅雀特别喜爱牛蒡的头状花。

图四，这是熊干的。它用爪子扒下云杉的树皮，带回洞里做褥子用，这样冬天它就可以睡在暖和的褥子上了。

图五，这是驼鹿干的。它在这儿待了很久——你瞧被它毁坏了多少树木呀！这儿附近的林木都是它的食物：它撞倒了小白杨、小赤杨和小花楸树，把它们的树皮都吃掉了；还有一些大树，只被啃掉了一些鲜嫩的枝条，而被它吃掉的，也只是那些折断树枝的一小部分。

第八次测验

图一，这是猪狗追赶兔子留下的足迹。兔子一蹦一跳地留下了脚印。紧跟着猪狗留下的是后面有点偏斜的脚印。

图二，夜间，林鸮曾在这房顶上待过。它在这里守候：看有没有老鼠蹿过？它在这儿待了很长时间，不停地来回走动，于是就留下了密密麻麻的、星星似的足迹。

图三，黑琴鸡在雪底下睡了一夜。它们在雪窝里遗留一些痕迹和羽毛；离开时，在雪地上留下了一个个小窝窝。

图四，没什么大事儿发生。只是一只驼鹿在这儿待了一会儿。它的犄角该换了，所以老在一个地方打转，用犄角摩擦树木。后来，好不容易把犄角弄断了一个，结果卡在树枝上了。在春天到来时，驼鹿会重新长出新的犄角来。